滨海软土地层深基坑变形机理与控制技术

Deformation Mechanism and Control Technology of
Deep Foundation Pit in Coastal Soft Soil Strata

张业勤 陈保国 文 杰 秦善良 王 升 著

图书在版编目(CIP)数据

滨海软土地层深基坑变形机理与控制技术/张业勤等著. —武汉:中国地质大学出版社,
2024.11. —ISBN 978-7-5625-6039-5

Ⅰ.TU471

中国国家版本馆 CIP 数据核字第 2024F266K6 号

滨海软土地层深基坑变形机理与控制技术	张业勤　等著
责任编辑:彭　琳　　　　　　　选题策划:彭　琳	责任校对:宋巧娥
出版发行:中国地质大学出版社(武汉市洪山区鲁磨路388号)	邮政编码:430074
电　　话:(027)67883511　　　传　真:(027)67883580	E-mail:cbb @ cug.edu.cn
经　　销:全国新华书店	http://cugp.cug.edu.cn
开本:787mm×1092mm 1/16	字数:327千字　　印张:12.75
版次:2024年11月第1版	印次:2024年11月第1次印刷
印刷:武汉市籍缘印刷厂	
ISBN 978-7-5625-6039-5	定价:69.00元

如有印装质量问题请与印刷厂联系调换

目 录

1 绪 论 ·· (1)

    1.1 滨海区深基坑工程研究背景和意义 ·· (1)

    1.2 深基坑工程问题分析 ··· (2)

    1.3 滨海区深基坑工程研究现状 ·· (6)

2 滨海填海区地质特点及工程难题 ··· (9)

    2.1 滨海地质成因与特点 ··· (9)

    2.2 人工填海地质特点 ··· (10)

    2.3 滨海区软土性质 ·· (10)

    2.4 滨海区基坑工程难题 ·· (19)

3 滨海软土基坑群开挖时序及变形特性 ·· (22)

    3.1 基坑群问题概述 ·· (22)

    3.2 基坑群工程概况及数值模型 ··· (24)

    3.3 超长车站深基坑开挖施工顺序影响规律 ·· (29)

    3.4 基坑群开挖方案分析 ·· (33)

    3.5 基坑群外围地下连续墙变形规律 ··· (36)

    3.6 基坑群共用地下连续墙变形规律 ··· (38)

    3.7 基坑群施工中的相互扰动分析 ·· (42)

    3.8 基坑群施工对周边地表沉降的影响规律 ·· (49)

    3.9 本章小结 ··· (51)

4 滨海区软土地层基坑开挖时间效应 ··· (53)

    4.1 混凝土内支撑早期刚度影响规律 ··· (53)

    4.2 软土蠕变时间效应 ··· (61)

4.3 本章小结 ……………………………………………………………… (68)

5 基坑可调节内支撑支护体系协调变形规律 ……………………… (70)
5.1 支护体系协调变形动态调整方法 ………………………………… (71)
5.2 支护体系协调变形试验 …………………………………………… (74)
5.3 支护体系协调变形数值模拟 ……………………………………… (95)
5.4 支护体系协调变形理论分析 ……………………………………… (104)
5.5 本章小结 …………………………………………………………… (107)

6 基坑内支撑调节对临近盾构始发井的影响规律 ………………… (108)
6.1 基坑-盾构始发井影响规律模型试验 …………………………… (108)
6.2 基坑开挖过程对沉井影响规律 …………………………………… (111)
6.3 内支撑调节对沉井影响规律 ……………………………………… (114)
6.4 基坑-盾构始发井影响规律数值模拟分析 ……………………… (119)
6.5 不同支撑伸缩调节影响规律 ……………………………………… (120)
6.6 基坑与始发井水平距离的影响规律 ……………………………… (124)
6.7 始发井深度的影响规律 …………………………………………… (127)
6.8 本章小结 …………………………………………………………… (130)

7 基坑内支撑调节对临近隧道的影响规律 ………………………… (131)
7.1 基坑-隧道影响规律模型试验 …………………………………… (132)
7.2 基坑开挖过程对隧道影响规律 …………………………………… (134)
7.3 内支撑调节对隧道影响规律 ……………………………………… (137)
7.4 基坑-隧道影响规律数值模拟分析 ……………………………… (141)
7.5 不同支撑伸缩调节对隧道影响规律 ……………………………… (143)
7.6 基坑与隧道水平距离影响规律 …………………………………… (149)
7.7 隧道埋深的影响规律 ……………………………………………… (154)
7.8 本章小结 …………………………………………………………… (160)

8 滨海区软土基坑现场监测 …………………………………………… (162)
8.1 监测内容和方法 …………………………………………………… (162)
8.2 监测频率和报警值 ………………………………………………… (169)
8.3 基坑监测案例分析(一)——航海路站 …………………………… (173)
8.4 基坑监测案例分析(二)——前海站 ……………………………… (187)

参考文献 ………………………………………………………………… (195)

1 绪 论

1.1 滨海区深基坑工程研究背景和意义

1.1.1 研究背景

随着改革开放实践的不断深入和城镇化进程的全面推进,中国社会经济建设取得了显著成效。为满足人们日益增长的居住、生活需求(新型住宅建筑设计、市政和城市轨道交通基础设施建设),基坑工程建设呈现如火如荼趋势。城市基础设施建设是城市发展的重要组成部分,关系到城市的可持续发展和居民的生活质量。党的二十大报告提出:到 2035 年我国将"建成现代化经济体系,形成新发展格局,基本实现新型工业化、信息化、城镇化、农业现代化"。同时,《中共中央关于制定国民经济和社会发展第十四个五年规划和二〇三五年远景目标的建议》明确提出,加快建设交通强国,完善综合运输大通道、综合交通枢纽和物流网络,加快城市群和都市圈轨道交通网络化。随着基础设施建设发展需求的增长,基坑工程向着更深、更大的方向发展,面临的环境也更加复杂。

深基坑主要应用于地下商场、高层建筑、城市轨道交通、市政水资源配置等项目的施工中。我国的经济发达地区,如北京、上海、广州、深圳等,以及其他沿海地区,为了满足经济快速发展的要求,增加可利用土地面积,在历史上都实施过填海造陆工程(孙静,2010)。

由于填海造陆地区位于滨海区,而该地区一般巨厚软土层发育,填海时采用抛石挤淤、吹填和填土等手段会增加深基坑工程的施工难度。在使用机械设备进行基坑开挖时,填海造陆抛填的大面积碎石极易在淤泥层发生失稳(董志良等,2013)。同时,填海区软土层分布广泛,软土层具有易受扰动、流动性大、抗剪强度低等特点,这将导致难以控制基坑开挖变形。滨海区淤泥层含有大量填海孤石,下伏基岩差异风化严重,深基坑工程所处地质条件极差,周边环境非常复杂,给基坑工程的设计、施工和安全控制带来巨大挑战。

1.1.2 研究意义

滨海区深基坑工程多位于经济繁华地区,因此其周边环境较为复杂,常伴有密集的建筑群、复杂的控制管线,同时软土层发育地质条件较差。滨海区深基坑在开挖过程中的卸荷影响深度通常可达到开挖深度的3~5倍,对周边建筑群的地基稳定性产生影响,在填海地层背景下有效控制基坑周边沉降、合理控制深基坑支护体系变形等问题尤为突出。

目前,关于软土背景下的基坑安全开挖施工与支护设计的研究较多,但软土地区基坑工程事故仍时有发生。这一现象的出现除与项目管理水平参差不齐、技术人员违规操作等原因有关外,还与工程本身的复杂程度息息相关,如受大规模的工程体量与复杂的工程地质条件影响较大。软土地层中的深基坑受力体系复杂,卸荷量大,支护体系应力集中明显,极易由局部失稳迅速发展为大范围的工程事故。

滨海软土强度低,具有高压缩性和流变性,而且基坑开挖深度大,混凝土内支撑早期刚度低,导致围护结构实际变形值和内支撑轴力值往往大于设计值,极难控制变形。研究表明,采用内支撑动态调节方法可以实现"内支撑+地下连续墙"的协调变形,保证基坑开挖的安全。然而,内支撑动态调节对支护体系受力和变形的影响规律尚不明确,缺乏系统的理论计算方法,调节的合理范围也需要深入研究。在实际工程中,大规模基坑群开挖卸载的耦合作用以及基坑开挖对临近构筑物的影响规律也难以预测。因此,笔者结合滨海区软土地层深基坑工程中的突出问题,以具体的滨海区深基坑工程为背景,对软土深基坑支护体系变形机理与控制技术开展研究。研究成果对滨海区深基坑工程优化设计和施工安全控制具有重要的应用价值。

1.2 深基坑工程问题分析

深基坑工程问题主要来自基坑规模、地质条件、周边环境以及工程措施等几个方面。根据不同的场地情况,工程师须明确深基坑工程面临的具体问题,并在此基础上探讨其潜在的致灾机理,最终提出解决方案。笔者将结合实际工程案例,分析深圳滨海软土地层深基坑工程面临的主要工程问题。

1.2.1 深圳地铁航海路站深基坑

1.2.1.1 工程概述

航海路站位于听海大道与规划支路交叉口,为5号、9号线的换乘站,采用T型换乘方式(图1-1)。5号线车站沿航海路南北向布置,为地下3层车站,采用14.0m岛式站台。车站总长度为182.0m。9号线车站为9号线西延线工程的终点站,设置在航海路西侧,为地下2层车站,采用14.0m岛式站台,车站总长为652.0m(含站后停车折返线)。5号线车站有效站台中心里程为DK2+662,车站设计起点里程为右DK2+583,车站设计终点里程为右DK2+765;9号线车站有效站台中心里程为DK0+580,车站设计起点里程为DK0+154,车站设计终点里程为DK0+797。

图 1-1 航海路站总平面图

1.2.1.2 工程重难点问题

据野外钻探揭露、野外地质调研结果分析,拟建场地的岩土层自上而下为第四纪人工堆积层(Qh^{ml})、海积层(Q^{mc})、冲洪积层(Q^{al+pl})、残积层(Q^{el})。根据滨海区域现状及地铁车站设计结构形式,预测可能引发或加剧的不良地质作用主要有砂土液化、软土震陷、地面沉降和基坑失稳、基底隆起、基坑突涌、有害气体逸出、海岸带频发地质灾害等。

在淤泥层、填石层围护结构施工过程中易塌孔。本标段车站站位所在区域地层中填石层和淤泥层分布范围广,最大填石层厚 13.0m,淤泥层厚 11.0m,属不稳定地层,地质条件差。淤泥层强度低,自稳能力差,触变性高,围护结构成孔施工过程中容易塌孔。局部存在的填石层不仅增加成孔施工难度,而且成孔时极易塌孔。

由于航海路站属复杂淤泥地质层,施工人员需要克服填海区淤泥地层的复杂性,对施工方案进行优化,若对地下水处理不当,可能会导致基坑出现险情甚至事故。比如,基坑突涌导致基坑底土开裂并出现管涌,基坑周围水管破裂漏水及生活用水渗入基坑,引起岩土力学性质发生变化等。因此,在基坑施工过程中要根据淤泥地层的复杂性,制订合理的疏堵结合的方案。

淤泥阻断技术是保证土体稳定的重要环节。工程师必须结合填海区的特殊地质条件,选择合适的桩型、桩长,并且根据力学原理对施工结构进行改进,改进的主要措施是开展大量的土工试验。而且在提高止淤效果的同时,还要对开挖安全性进行研究,保证投资和止淤效果、安全性的最优化。

1.2.2 深圳地铁上川站深基坑

1.2.2.1 工程概述

地铁车站基坑施工是地铁施工的重要组成部分,具有开挖深度大、范围广、周边建筑物密集、人流量及车流量大等特点,容易引发危险性较大的事故。深圳地铁12号线上川站位于市中心多个交叉路口之间,周边建筑物密集且多为浅基础。上川站标准段基坑宽20.1m,车站总长度为537.178m,开挖深度为16.8~18.5m,支护形式为"地下连续墙+内支撑",采用半盖挖法施工。

1.2.2.2 工程重难点问题

根据勘察报告,该地区原始地貌为海相堆积地貌,场地范围内上覆第四系全新统人工堆填层(Qh^{ml}),软土层厚度大,第四系砂层的含水性和透水性较好,属富含水、强透水层,地下水条件复杂;下伏基岩为燕山晚期(早白垩世)侵入花岗岩、岩脉侵入体等,以及断层构造岩。

由于车站基坑位于地下水位以下,处于长期浸水环境,在长期浸水和干湿交替情况下,地下水对混凝土结构中的钢筋均具微腐蚀性,因此要维护结构的稳定性、耐久性,必须研究围护结构的形式。当灌注桩、地下连续墙既作为围护结构,又作为主体结构侧墙的一部分时,应将其内衬的关系和结构防水方案结合起来考虑,依据工程地质、水文地质条件,因地制宜,在对复合墙和叠合墙的技术经济指标进行比较后确定设计方案,提出适合软土基坑半盖挖法施工的围护结构方案。

采用盖挖法施工时,在盖板施工完成后整个地下部分处于封闭状态,挖土难度大,周期长,出土也极为不利,而且还对顶板以下的地下工程的材料入场和施工中的通风、照明等带来诸多不便。因此,施工人员必须对挖土工艺进行研究,确定出土孔洞的尺寸大小、位置和数量,优化挖土顺序,加强对临时立柱+临时铺盖路面系统的监测,保证基坑的安全和施工工期。

深圳地铁12号线上川站两端均为始发站,均需要采用一台盾构机掘进,其难点不仅在于需要设置合适的位置供市政通行,还在于工作场地狭窄、空间有限,极难进行盾构施工平面布置及盾构平移。同时,盾构渣土的运输以及龙门吊的布置选择也是难以解决的问题。交通、运输以及盾构施工等方面综合起来的难度将会对该车站基坑施工带来巨大的影响,因此必须对盾构始发施工组织进行优化。

1.2.3 穗莞深城际铁路枢纽前海站深基坑

1.2.3.1 工程概述

穗莞深城际铁路前海站位于前海综合交通枢纽地块,目前车站周边主要为建筑地块的同步在建基坑群。前海站基坑总长度为717.5m,车站基坑采用明挖法施工,支护采用"地下连续墙+内支撑"的形式。地下连续墙厚度为1000~1200mm,深度为34.0~41.0m,墙底嵌入中风化岩层。标准段宽度为27.7m,平均开挖深度为30.5m,地下连续墙厚度为1000mm;端头区域宽度为41.45m,开挖深度为34.0m,地下连续墙厚度为1200mm。设有6道钢筋混凝土内支撑。

车站结构形式为地下4层三跨岛式结构,采用明挖顺作法施工,车站北侧为桂湾一路地下双界河匝道，南侧为桂湾四路，东侧为在建超高层建筑 T_1—T_8 地块，各地块建筑基坑深度约为 28.2m。地下连续墙与 T_2—T_7 地块及部分 T_8 地块共用长度约为 639.0m。西侧为规划远期港深西部快线。拟建车站范围内无控制性管线。前海站周边环境详见图 1-2。

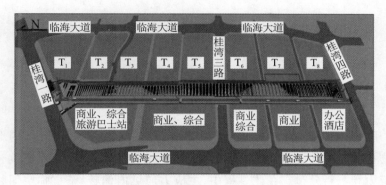

图 1-2 前海站深基坑周边环境示意图

1.2.3.2 工程重难点问题

勘察报告资料显示，施工区自上而下地层依次为杂填土、素填土、人工填块石、淤泥质黏土、粉质黏土、中粗砂、全风化花岗岩、强风化花岗岩，车站底板位于全、强、中风化花岗岩地层中。

基坑为"地下连续墙+内支撑"的支护形式，地下连续墙需嵌入中风化岩层，因此地下连续墙成槽深度较深（＞30.0m），成槽范围内包含人工填土（填块石）、软土（海陆交互相沉积淤泥、淤泥质黏土、粉质黏土）、残积土和差异风化花岗岩层等，差异性风化岩中可能存在球状风化孤石和基岩突起上软下硬区段，若采用传统的成槽方式不仅成槽效率低下，而且传统成槽机械振动冲击较大，易造成槽壁坍塌，进一步增加成槽难度。

前海站深基坑狭长，地下连续墙总体规模大，地质条件复杂，含较厚填土及软土层。同时，东侧基坑先于前海站基坑开挖，后开挖基坑将引起先开挖基坑整体向施工区变形。为了减小前海站基坑开挖对相邻基坑影响，应尽量缩短两个基坑开挖时间间隔，减小相邻基坑开挖导致的基坑变形，这对地下连续墙的施工效率和施工质量提出了较高的要求。

施工场区地质条件复杂，岩土性质差异较大，不同岩土性质将对泥浆循环系统提出不同要求。如软土层黏土颗粒较小，传统泥浆循环系统可能导致循环泥浆含砂率较高。同时，我国目前泥浆循环池采用一次性钢筋混凝土结构，在地下连续墙成槽前需要修建泥浆池，施工完毕后还需要进行混凝土结构破除，且破除过程工期长、效率低，一经修建无法调整位置，因此对场地面积规划要求较高。对于泥浆循环系统中无法再做循环处理的废浆，常用运泥车外运至指定区域丢弃，但是装运过程易污染施工现场环境，同时废浆堆积占用大量土体面积，增加施工成本。

地下连续墙为钢筋混凝土结构，具有较好的抗渗性能，但仍应对其中连接处易渗透部位采取其他防治措施。同时,前海站基坑较深,场地环境复杂,特别是还存在相邻基坑的影响,当地下连续墙变形较大时其接缝处易出现应力集中而发生结构破坏,导致基坑失稳,因此有必要在地下连续墙接缝处实施强度补足措施。

1.3 滨海区深基坑工程研究现状

1.3.1 淤泥地层深基坑特点

深基坑的开挖变形主要受土体卸荷产生的应力重分布影响。在漫长的地质历史过程中,碎屑沉积物在重力的作用下发生沉积固结,并积累了初始地应力,而基坑开挖将导致地层缺失,使地应力场重新分布。在此过程中,主应力向坑内偏转,基坑临空面将发生较大的水平位移,基坑坑底竖向隆起,且随基坑开挖深度加深变形更加明显。该应力作用对淤泥地层的影响尤为明显。

基坑开挖过程中的变形规律一般表现为基坑周边土体沉降,围护结构发生水平向位移,基底出现隆起。基坑周边土体沉降可分为三角型和勾号型两种类型,当围护结构顶部偏移量较大(最大)时,由于基坑周边土体侧向约束不够,将发生三角形沉降变形;当围护结构顶部约束较好,围护结构变形表现为中间鼓胀型时,周边沉降表现为蝶形。对于淤泥地层来说,地表沉降量越大,影响范围越广。

在开挖初期,由于内支撑等水平受力结构还未完成,围护结构顶部向坑内方向发生较大变形,而随着开挖深度的增加,围护结构受水平受力结构约束,变形表现为鼓胀型,最大变形出现在围护结构中部,且随着持续开挖会出现最大变形处逐渐下移的现象。当开挖较浅时,基底隆起表现为弹性隆起,而随着开挖深度的增加逐渐向塑性隆起发展。淤泥地层的物理性质差、触变性强等特征,使淤泥地层深基坑的变形较其他地质背景深基坑的变形更明显且更难控制。

1.3.2 滨海区深基坑工程发展现状

20 世纪 80 年代初,我国沿海城市的开放标志着经济改革的起步,这一时期的城市化建设是我国现代化进程的重要里程碑之一。随着沿海城市的开放,大量人口涌入,城市基础设施的建设需求迅速增长。这些城市的建设面临着双重挑战:一方面,滨海地区独特的地质环境,容易引发海水侵蚀,形成软弱地基等问题;另一方面,建设技术具有局限性,当时的施工技术相对落后,尚未形成完善的基坑支护技术体系。在这样的背景下,早期的滨海区城市化建设以开发沿海地区的经济开发区为主,基础设施相对简单,基坑工程规模较小。这些基坑往往只有一层地下室,基坑尺寸较小且规则。施工人员主要采用放坡开挖、简单水平支撑、钢板桩或木桩支护等相对简单的基坑支护技术。对于地下水,多采用明沟加集水井降水的处理方法。

随着改革开放的深入和城市化建设的推进,20世纪末,滨海区的城市化进程加速,基坑工程规模不断扩大,深基坑工程开始大量涌现,深基坑及支护概念逐渐成熟,排桩、地下连续墙、搅拌桩重力式挡墙等各种较传统的基坑支护形式纷纷得到应用,以土钉墙(包括复合土钉墙)为代表的技术开始崭露头角,并且因其工程造价低且工期短而迅速普及。

然而,随着城市化进程的加速,滨海区土地资源变得愈加稀缺,建筑物逐渐朝着多样化、密集化、高度化和深度化方向发展,原有的土钉墙支护技术难以满足深基坑稳定性需求,基坑失稳事故频发,且狭窄的施工环境使得土钉墙易侵入他人地下空间,因此在21世纪初采用土钉墙支护的深基坑迅速减少,而逆作法围护体系得到广泛应用。据统计,在最近的20年间,深圳等沿海地区基坑围护结构绝大部分由重力式支挡结构、复合土钉墙转化为排桩支护和地下连续墙支护形式。各种排桩支护形式中,桩锚支护形式应用最为广泛,其次是撑锚混合支护形式,再次是排桩内支撑支护体系。然而,随着基坑开挖深度的增大,且受周边环境的影响,地下连续墙应用越来越多(马驰和刘国楠,2012;白蓉等,2015;樊金等,2015;任亮等,2016;林楠和刘发前,2019)。

由于滨海区深基坑工程规模不断扩大,开挖面积和开挖深度逐渐增加,面临的地质环境也更加复杂,深厚软土层、填土及填石层、基岩差异风化、高地下水位等不良地质条件对深基坑工程的稳定性尤为不利(于建,2001;陈丹,2009;林巍等,2011)。同时,受城市可利用空间减少的影响,施工面临的条件更加苛刻,狭窄空间、近接施工、深基坑群的出现对基坑支护的要求也更加严格。既要确保基坑稳固,又要充分利用空间,还要减小对周围环境的影响。为了应对更复杂的工程问题,现如今越来越多的滨海区深基坑工程选用造价更高的地下连续墙作为支护结构,但也面临地下连续墙施工质量和变形难以控制、共用地下连续墙受力特性难以确定等诸多新的考验。随着城市化建设的基本完成,为进一步满足发展需要,深基坑工程应向深、大、密集化的方向发展。同时,多个相邻基坑组成的深基坑群将导致基坑间互相影响,进一步增加了基坑群设计施工的难度。因此,基坑群的变形规律、基坑开挖时序,以及软土地层深基坑群的基坑支护设计理论等方面的科学技术问题亟待深入系统的研究。

1.3.3 滨海区深基坑工程变形控制问题

我国滨海区地处汇聚板块边缘,受古太平洋板块俯冲挤压形成了一系列构造带,独特的地理条件促使滨海区不良地质条件发育,包括断裂与挤压破碎带、花岗岩球状风化、岩溶、软土、大面积深厚填土及填石、高地下水位等。复杂的地质条件使滨海区深基坑工程变形难以控制,花岗岩球状风化则增加了地层的不均匀性,给围护结构的施工、设计和变形控制带来困难;软土土质松软,土体强度及刚度较小,可以提供的水平抗力及抵抗变形的能力较小,导致基坑围护结构和周边土体变形过大。其中软土地层较厚且分布最广,对滨海区深基坑变形影响最为显著。

随着经济的快速发展和城市化进程的加速推进,滨海区的建设规模不断扩大,深基坑工程作为城市化进程中的重要组成部分,其规模在不断扩大,复杂程度也在不断增加。大规模的土方开挖对地层扰动极大,有效控制周边地层的变形成为滨海区深基坑工程变形控制面临的主要问题之一。深基坑工程周边环境常常较为复杂,如超高建筑、地下商场、地铁车站等常集中于人口密集处,加之附近建筑群密集、管线复杂,这些因素都对深基坑的变形范围提出了更严格的控制标准。同时,滨海区基坑工程常呈现出集群式开发的特点,如穗莞深城际铁路枢纽前海站深基坑,其东侧紧邻 8 个深基坑;南京江北新区一期工程包含 24 个地块,基坑总面积约 30.0 万 m^2;上海苏州河深隧调蓄工程设 8 个工作竖井,挖深达 45.0~72.0m。基坑开挖是一个地层卸载的过程,对周边环境的影响程度一般在开挖深度的 3~5 倍范围内,而基坑群的基坑水平间隔距离往往较短,甚至出现共用地下连续墙的情况,这将导致基坑开挖出现叠加效应,非同时、大规模的基坑群开挖也将出现更为复杂的基坑变形模式,进一步加大基坑稳定性及变形的控制难度。

基坑变形的外在表现为坑外地表沉降,坑内土体隆起,支护结构位移。目前,常用的变形控制技术主要为变形支挡和土体加固。变形支挡即基坑支护结构,为了减小基坑变形,常采取提高围护结构和支撑的刚度,增加入土深度的方式。当面对不同地质条件时,还会根据实际情况采取有针对性的工程措施。例如,在强渗透性地层下的深基坑地下连续墙施工设计中,着重关注接头止水效果,并准备随时改进接头结合方式。土体加固主要应用于基坑内被动土压区,常见的土体加固方法有注浆、加固桩等。这些方法主要用于改善土体的力学性质,提高其承载能力和抗变形能力,从而起到减小基坑周围地层变形的作用。

此外,考虑时空效应的合理开挖方案也成为控制滨海区的深基坑变形的常用方法。为了探究不同开挖时序、基坑群之间的相互影响机理,常借助三维数值模拟手段对不同开挖方案进行研究,利用数值模拟的可视化、低成本、多参数调整等优势,协助施工人员现场制定施工方案,最终达到控制基坑变形的目的。

2 滨海填海区地质特点及工程难题

2.1 滨海地质成因与特点

2.1.1 滨海地质成因

滨海地区处于海陆交互地带,属于浅海区范围,因此光照充足,海水含氧量高,能为绿色植物的生长繁衍提供有利条件。同时,绿色植物作为食物链中的生产者,构建了复杂的滨海生态系统,并源源不断地产出有机物。在滨海区强烈的海陆交互作用下,大量有机物及陆源碎屑物随潮汐、波浪等水动力作用搬运至沉积区,并在滨海不同的沉积部位进行沉积。滨海沉积物源富含有机质且颗粒较小,沉积年限较短,由于颗粒间含水量较高,常发育为软土层,而随着沉积年限的增加,沉积物固结成岩,主要发育为泥砂质沉积岩。

此外,中国沿海区处于欧亚板块东南隅,为活动大陆边缘,由于受太平洋板块及印度板块的俯冲挤压作用,构造活动强烈。滨海地区构造十分复杂,同时构造断裂为岩浆提供了通道,岩浆喷出地表或侵入地壳冷却凝固。因此,中国沿海区常有大面积岩浆岩地层发育,而近海又为巨厚软土层的形成提供了有利条件,由此可知沿海区地层分布具有上软下硬的特征。

2.1.2 滨海地质特点

以深圳市为例,深圳市位于华南褶皱系紫金-惠阳凹褶断束中东西向高要-惠来断裂带的南侧,北东向莲花山断裂带西北支的五华-深圳断裂亚带的南西段展布区。深圳滨海区地质构造比较复杂,以断裂构造为主,可分为北东向、东西向和北西向3组断裂。北东向断裂规模宏大,北西向断裂多出现在沿海区,沿断裂有多次大面积的岩浆侵入和喷发,动力变质和接触变质作用分布普遍。褶皱构造多与断裂相伴产出,由于受到多次断裂作用及岩浆侵入的破坏,多数不太完整。北东向的五华-深圳断裂带斜贯全区,是区内的主导构造。

沿线多位于海冲积平原及冲洪积平原地段,地表多被第四系覆盖。所经地区主要表现为加里东期花岗岩($M\gamma_3$)大面积侵入,较大面积多为岩基,其他产出形式有岩株、岩脉、岩墙等。未见明显断裂构造与本线相交。场区构造基本稳定,不会发生突发性构造运动及地震活动。

2.2 人工填海地质特点

随着可利用土地资源减少,许多国家在沿海地区采用填海造陆的方式扩大土地面积。填海造陆工程最早可追溯到 13 世纪的荷兰,荷兰地处欧洲西部,西、北濒临北海,地势较低,几乎一半的国土低于海平面或与海平面持平,天然的地理条件使荷兰成为主要的填海造陆国家。目前荷兰国土面积约 4.0 万 km^2,其中接近 20.0% 为人工填海区。除荷兰外,日本、新加坡等岛国也相继实施填海造陆工程。日本神户市的填海造陆工程始于 1966 年,1970 年完工,累计投入了 6262 万 m^3 土石方量。新加坡自 19 世纪以来一直未停下填海的脚步,目前国土面积的 24.0% 左右皆由填海造陆形成。由此可见,填海已经成为临海国家、地区增加可利用土地面积的主要方式。

中国于 20 世纪 50—60 年代在沿海地区实施填海造陆工程。填海造陆工序主要包括抛石挤淤、吹填和填土。抛石主要来自附近山体,通过爆破、凿除、铲平山体获取填海的材料,然后将碎石抛填至填海区,挤出淤泥,提高地基的强度。随后将淤泥与海水混合成泥浆,通过吹管喷洒至填海区,在落淤、固结后进行地基处理,最后铺设人工填土,进行场地整平。由于人工填海区的地层常含巨厚的人工填土层,其结构自上而下常表现为松散—稍密的状态,渗透性大,对土方开挖、基坑支护结构施工均有影响,为基坑支护不利土层。

2.3 滨海区软土性质

笔者以深圳滨海区的地质勘察资料和土工试验数据为依据,对滩泥软土的物理-力学性质指标进行概率统计分析,求取各项土性指标的自相关距离;对各项指标之间的相关性进行回归分析,探求各指标之间的经验关系;分析各项指标随土层深度的动态变化规律。以上研究结果都可为工程设计提供可靠的基础资料。

2.3.1 淤泥软土土工参数统计特征

由表 2-1 可知滨海区淤泥软土层主要物理-力学性质指标的取值范围、均值、方差、标准差、点变异系数、偏度、峰度、置信区间等统计特征,还可以根据其偏度、峰度值判断各项指标的分布形态,如判断各项指标是否符合正态分布以及与正态分布的差异等。

通过对表 2-1 中数据的综合分析可以发现,滨海区淤泥的物理性质指标的点变异性比其力学性质指标的点变异性要小。当其物理性质参数的点变异系数 $\delta<0.1$ 时,变异性很小;当力学性质参数的点变异系数为 $0.1<\delta<0.3$ 时,变异性为小—中等。但总体而言,研究区域内淤泥软土的各项指标值均具有较好的稳定性。此外,滨海区淤泥的物理性质指标一般不服从正态分布,而其力学性质指标基本符合正态分布的规律。

表 2-1 滨海区淤泥物理-力学参数统计特征汇总

	土工参数	统计特征								
		样本数 n	样本区间	样本均值 $\bar{x}$	样本方差 s^2	样本标准差 s	点变异系数 δ	样本偏度 g_1	样本峰度 g_2	均值95%置信区间	标准值 x_k
物理性质指标	天然含水率 $w/\%$	312	50.0~78.0	57.5	20.902	4.572	0.080	1.388	3.779	57.0~58.1	57.9
	湿密度 $\rho/$(g·cm^{-3})	312	1.54~1.73	1.65	0.001	0.033	0.020	−0.293	0.981	1.64~1.65	1.65
	干密度 $\rho_d/$(g·cm^{-3})	312	0.86~1.60	1.05	0.003	0.058	0.055	2.383	27.048	1.04~1.05	1.04
	土粒比重 G_s	312	2.73~2.76	2.76	0.000	0.003	0.001	−5.435	35.468	2.75~2.76	2.76
	孔隙比 e	312	1.370~2.190	1.641	0.016	0.127	0.077	1.178	3.276	1.626~1.655	1.653
	饱和度 $S_r/\%$	312	93.0~101.0	97.0	3.056	1.748	0.018	0.544	−0.933	96.0~97.0	97.0
	液限 $w_L/\%$	312	36.9~57.3	52.4	11.283	3.359	0.064	−1.369	2.321	52.0~52.7	52.1
	塑限 $w_p/\%$	312	21.3~29.5	27.5	1.802	1.342	0.049	−1.386	2.403	27.4~27.7	27.4
	塑性指数 $I_p/\%$	312	15.6~27.8	24.8	4.065	2.016	0.081	−1.355	2.270	24.6~25.0	24.7
	液性指数 I_L	312	0.86~2.07	1.22	0.033	0.181	0.148	1.742	3.742	1.20~1.24	1.24
力学性质指标 渗透系数	竖直 $k_v/$(10^{-7}cm·s^{-1})	49	2.9~6.4	3.9	0.611	0.782	0.201	0.966	0.863	3.7~4.1	3.7
	水平 $k_h/$(10^{-7}cm·s^{-1})	49	3.0~6.6	4.2	0.838	0.915	0.218	1.036	0.715	3.9~4.5	4.0
*固结压缩	压缩系数 $a/$MPa^{-1}	312	0.80~1.96	1.41	0.033	0.182	0.129	−0.135	0.778	1.39~1.43	1.43
	压缩模量 $E_s/$MPa	312	1.19~3.02	1.9	0.054	0.232	0.122	1.011	2.904	1.88~1.93	1.88
	压缩指数 C_c	58	0.327~0.685	0.543	0.004	0.060	0.110	−0.577	2.463	0.527~0.559	0.556

续表 2-1

土工参数			统计特征								
			样本数 n	样本区间	样本均值 $\bar{x}$	样本方差 s^2	样本标准差 s	点变异系数 δ	样本偏度 g_1	样本峰度 g_2	均值95%置信区间	标准值 x_k
力学性质指标	直剪快剪	黏聚力 c_q/kPa	79	7.0~19.0	12.0	9.308	3.051	0.254	0.256	−0.878	11.0~13.0	11.0
		内摩擦角 φ_q/(°)	79	1.0~7.0	3.0	0.950	0.975	0.325	0.934	2.127	3.0~4.0	3.0
	直剪固快	黏聚力 c_{cq}/kPa	64	10.0~20.0	14.0	6.010	2.451	0.175	0.580	0.083	13.0~15.0	14.0
		内摩擦角 φ_{cq}/(°)	64	5.0~12.0	9.0	2.349	1.533	0.170	0.109	0.041	8.0~9.0	8.0
	三轴CU	黏聚力 c_{uu}/kPa	130	1.0~12.0	5.7	9.745	3.122	0.548	0.339	−1.038	5.1~6.2	5.4
		内摩擦角 φ_{uu}/(°)	130	0.6~4.0	2.0	0.326	0.571	0.286	0.276	0.812	1.9~2.1	1.9
	无侧限抗压	原状土压力 q_u/kPa	43	8.9~26.1	16.4	18.868	4.344	0.265	0.104	−0.759	15.0~17.7	15.3
		灵敏度 S_t	43	2.02~3.68	2.84	0.146	0.382	0.135	−0.318	−0.222	2.72~2.96	2.93

注：* 相当于压应力从100kPa变化到200kPa时对应的指标值。

综上所述，滨海区淤泥软土的主要工程特性可以概括为"四高二低"，即天然含水率高、孔隙比高、压缩性高、灵敏度高、渗透性低、抗剪强度低。

2.3.1.1 天然含水率高

滨海区淤泥的天然含水率 w 均大于 50.0%，且均大于其液限值 w_L ($w > w_L$)，w 超过 w_L 的比例为 2.0%~20.0%，大部分土样的天然含水率超过液限值 10.0% 左右。淤泥液性指数 I_L 在 0.86~2.07 之间时，呈现软塑—流塑状态。且淤泥饱和度 S_r 高，基本在 93.0%~101.0% 之间，大部分土样的饱和度大于 95.0%，基本属于饱和黏土。

2.3.1.2 孔隙比高、压缩性高

滨海区淤泥的初始孔隙比 e 在 1.370~2.190 之间，其值均大于 1.0。且在压应力从 100kPa 增加到 200kPa 的过程中，淤泥的平均压缩系数 a 为 1.41MPa^{-1}，平均压缩模量 E_s 为 1.90MPa，平均压缩指数 C_c 为 0.543，属于高压缩性土。

2.3.1.3 渗透性低

滨海区淤泥的竖直向渗透系数 k_v 平均值为 3.9×10^{-7} cm/s，水平向渗透系数 k_h 平均值为 4.2×10^{-7} cm/s，较竖直向渗透系数大（$k_h>k_v$），渗透系数小，渗透性低。土体受压后，其渗流固结过程将十分缓慢。

2.3.1.4 抗剪强度低

从不同抗剪强度试验方法得到的土样抗剪强度指标来看，淤泥黏聚力（c_q、c_{cq}、c_{uu}）及内摩擦角（φ_q、φ_{cq}、φ_{uu}）均较小，这是影响地基承载力和路堤抗滑稳定性的关键参数。滨海区淤泥的抗剪强度指标小，则天然地基承载力小，易产生滑动失稳、塌陷等破坏。

2.3.1.5 灵敏度较高

滨海区淤泥的灵敏度 S_t 为 2.02～3.68，平均为 2.84，为中等灵敏度。淤泥软土灵敏度高，说明其结构性强，受到扰动后，其结构强度将大大降低。

2.3.2 淤泥软土土工参数随深度的变化规律

土体各物理-力学性质指标除了具有上述统计数字特征外，随着取样深度（h）的变化，这些指标也会发生变化，有的土工参数随深度变化具有明显的规律性，而有的参数随深度的增加并不具有固定的发展规律。笔者将利用滨海区内 29 个勘探钻孔的数据资料，探讨土体的物理-力学参数试验值与取样深度之间的关系。

2.3.2.1 物理性质指标随取样深度的变化规律

通过分析各物理性质指标与取样深度之间的散点关系图可知，滨海区淤泥土层的物理性质指标与其取样深度之间并不存在明显的相关性。

2.3.2.2 渗透性指标随取样深度的变化规律

竖直向和水平向渗透系数随取样深度的增加未出现较明显的变化趋势，但散点图总体上呈现三角形递减趋势。

2.3.2.3 固结压缩指标随取样深度的变化规律

滨海区淤泥软土的压缩系数随取样深度的变化规律以深度约 20.0m 处为界，当深度小于 20.0m 时，压缩系数随取样深度的增加而递增；当深度大于 20.0m 时，压缩系数随取样深度的增加而递减。即压缩系数随取样深度的增加，先增后减。压缩模量随深度的变化规律则相反，仍然以深度约 20.0m 处为界，压缩模量随取样深度的增加，先减后增。压缩指数随取样深度的变化规律性不明显。

2.3.2.4 抗剪强度指标随取样深度的变化规律

滨海区淤泥的直剪快剪内摩擦角随取样深度增加无明显变化规律可循,直剪快剪黏聚力则随取样深度的增加呈三角形递增趋势;直剪固结快剪内摩擦角和黏聚力均随着取样深度的增加而呈带状递增趋势;三轴 UU 试验①内摩擦角和黏聚力也均随着取样深度的增加而呈带状递增趋势;原状淤泥土无侧限抗压强度随取样深度的增加表现出明显的递增趋势,与深度之间存在良好的线性关系,其回归方程为 $h=1.26q_u-10.14$,相关系数 $R=0.758$,如图 2-1 所示。

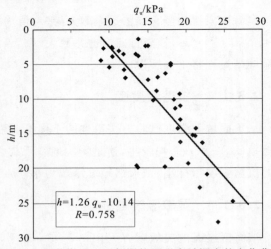

图 2-1 原状淤泥土无侧限抗压强度随深度的变化曲线

2.3.3 淤泥软土土工参数之间的相关性

在岩土工程中,土体的各项物理-力学参数并不是独立存在的,它们之间具有一定的关联性。研究各项物理-力学指标之间的相关性,建立相互之间的经验回归方程,具有重要的工程实用价值。表 2-2 列出了滨海区淤泥各项物理-力学指标之间的相关系数 R 的值。

表 2-2 滨海区淤泥各项物理-力学指标之间的相关系数汇总表

R	w	ρ	G_S	e	w_L	w_p	I_p	I_L	a	E_S	c_{cq}	φ_{cq}	q_u
w	1	−0.829	0.197	0.973	0.497	0.493	0.499	0.566	0.501	−0.176	−0.338	−0.477	−0.374
ρ	−0.829	1	−0.264	−0.935	−0.488	−0.483	−0.490	−0.403	−0.556	0.278	0.178	0.350	0.432
G_S	0.197	−0.264	1	0.245	0.641	0.644	0.639	−0.455	0.351	−0.361	−0.068	−0.085	0.381
e	0.973	−0.935	0.245	1	0.518	0.513	0.520	0.517	0.545	−0.224	−0.291	−0.446	−0.407
w_L	0.497	−0.488	0.641	0.518	1	1.000	1.000	−0.425	0.474	−0.363	−0.089	−0.132	0.220
w_p	0.493	−0.483	0.644	0.513	1.000	1	0.999	−0.430	0.472	−0.363	−0.085	−0.131	0.224
I_p	0.499	−0.490	0.639	0.520	1.000	0.999	1	−0.423	0.475	−0.362	−0.086	−0.129	0.217
I_L	0.566	−0.403	−0.455	0.517	−0.425	−0.430	−0.423	1	0.070	0.163	−0.217	−0.317	−0.544
a	0.501	−0.556	0.351	0.545	0.474	0.472	0.475	0.070	1	−0.904	−0.078	−0.139	0.101
E_S	−0.176	0.278	−0.361	−0.224	−0.363	−0.363	−0.362	0.163	−0.904	1	−0.140	0.000	−0.296
c_{cq}	−0.338	0.178	−0.068	−0.291	−0.089	−0.085	−0.086	−0.217	−0.078	−0.140	1	0.434	0.151
φ_{cq}	−0.477	0.350	−0.085	−0.446	−0.132	−0.131	−0.129	−0.317	−0.139	0.000	0.434	1	0.049
q_u	−0.374	0.432	0.381	−0.407	0.220	0.224	0.217	−0.544	0.101	−0.296	0.151	0.049	1

---

① UU 试验,即不固结不排水剪试验(unconsolidated undrained shear test),又称快剪试验。

由表 2-2 可知，有些指标之间具有很好的相关性，相关系数 R 接近于 1；而有些指标之间的相关性却很小。滨海区淤泥的物理-力学性质指标中较显著的相关规律如下。

2.3.3.1 天然含水率 w 与湿密度 ρ 之间的关系

滨海区淤泥的天然含水率 w 与湿密度 ρ 的散点图及回归拟合曲线如图 2-2 所示。两者之间存在较好的线性递减关系，拟合曲线方程为 $w=-114.48\rho+246.16$，相关系数 $R=-0.829$。

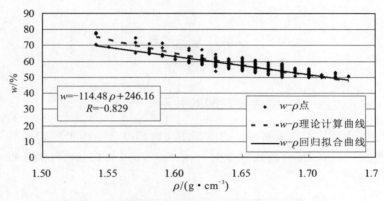

图 2-2　滨海区淤泥 w-ρ 理论及回归关系曲线

根据土力学中指标间的换算公式，可推导出用湿密度 ρ 来表示天然含水率 w 的关系式为

$$w=\frac{S_r(\rho-G_S)}{G_S(S_r-\rho)} \tag{2-1}$$

根据表 2-1 中岩土参数的标准值，若取滨海区淤泥的土粒比重 $G_S=2.76$，饱和度 $S_r=97\%$，则有 $w=(0.97\rho-2.6772)/(2.6772-2.76\rho)$。那么，据此可以绘制 w-ρ 关系的理论计算曲线，见图 2-2。可见，理论计算曲线与线性拟合曲线吻合较好。

2.3.3.2 天然含水率 w 与孔隙比 e 之间的关系

滨海区淤泥的孔隙比 e 与天然含水率 w 的散点图及回归拟合曲线如图 2-3 所示。两者之间的拟合曲线方程为 $e=0.027w+0.086$，相关系数 $R=0.973$。

根据土力学中指标之间的换算公式，孔隙比 e 与天然含水率 w 之间的关系可以表示为

$$e=(G_S/S_r)\cdot w \tag{2-2}$$

通过对比式（2-2）和图 2-3 中的回归方程可以确定，G_S/S_r 即为回归曲线的斜率。若将淤泥看作饱和土（$S_r=1$），则回归曲线的斜率为土粒比重 G_S，$G_S=2.7$。该值小于表 2-1 中土粒比重的标准值 2.76，反映了滨海区淤泥的孔隙比 e 与天然含水率 w 之间的实际关系。

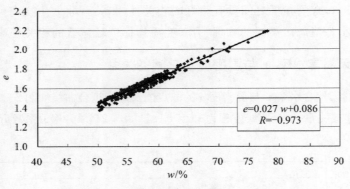

图2-3 滨海区淤泥 e-w 回归关系曲线

2.3.3.3 孔隙比 e 与湿密度 ρ 之间的关系

滨海区淤泥的孔隙比 e 与湿密度 ρ 的散点图及回归拟合曲线如图2-4所示。两者之间存在较好的线性递减关系,拟合曲线方程为 $e=-3.59\rho+7.55$,相关系数 $R=-0.935$。

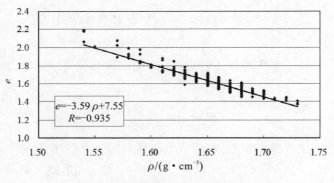

图2-4 滨海区淤泥 e-ρ 回归关系曲线

2.3.3.4 液限 w_L 与塑限 w_p 之间的关系

滨海区淤泥的塑限 w_p 与液限 w_L 的散点图及回归拟合曲线如图2-5所示。两者之间存在很好的线性递增关系,拟合曲线方程为 $w_p=0.40w_L+6.63$,相关系数 $R=0.9996≈1$。

2.3.3.5 液限 w_L 与塑性指数 I_p 之间的关系(塑性图)

塑性指数 I_p 与液限 w_L 之间的关系图即为塑性图,塑性图是细粒土分类的依据。滨海区淤泥的塑性指数 I_p 与液限 w_L 的散点图及回归拟合曲线如图2-6所示。两者之间存在很好的线性递增关系,拟合曲线方程为 $I_p=0.60w_L-6.61$,相关系数 $R=0.9998≈1$。

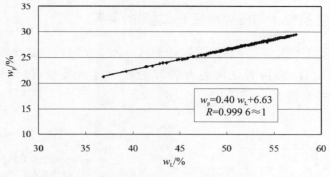

图 2-5 滨海区淤泥 w_p-w_L 回归关系曲线

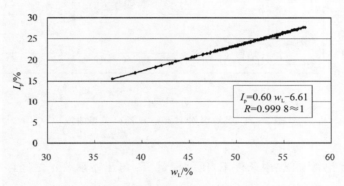

图 2-6 滨海区淤泥 I_p-w_L 回归关系曲线

2.3.3.6 塑限 w_p 与塑性指数 I_p 之间的关系

滨海区淤泥的塑性指数 I_p 与塑限 w_p 的散点图及回归拟合曲线如图 2-7 所示。两者之间存在很好的线性递增关系，拟合曲线方程为 $I_p=1.50\ w_p-16.52$，相关系数 $R=0.999$。

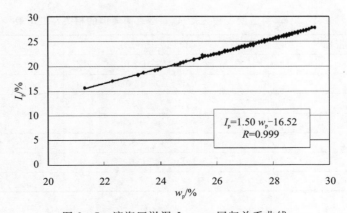

图 2-7 滨海区淤泥 I_p-w_p 回归关系曲线

2.3.3.7 压缩系数 a 与压缩模量 E_s 之间的关系

滨海区淤泥的压缩模量 E_s 与压缩系数 a 的散点图及回归拟合曲线如图 2-8 所示。如果对两者进行线性拟合,则两者之间存在较好的线性递减关系,线性拟合方程为 $E_s = -1.15a + 3.52$,相关系数 $R = -0.904$。

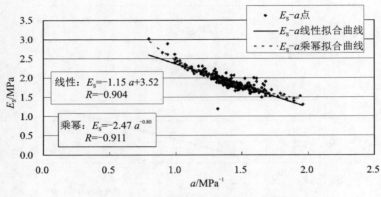

图 2-8 滨海区淤泥 E_s-a 回归关系曲线

根据土力学理论,土在侧限条件下,压缩模量 E_s 与压缩系数 a 之间存在的换算公式为

$$E_s = \frac{1+e_1}{a} = (1+e_1)a^{-1} \qquad (2-3)$$

式中:e_1 表示压应力为 100kPa 时对应的孔隙比。

由式(2-3)可知,E_s 与 a 之间存在乘幂关系,如果将两者的散点图进行乘幂回归拟合分析,其拟合曲线如图 2-8 所示,相关系数 $R = -0.911$,比线性拟合效果更好,乘幂拟合方程为 $E_s = 2.47a^{-0.80}$。

将上述滨海区淤泥物理-力学参数之间具有的典型相关关系进行汇总,结果如表 2-3 所示。

表 2-3 滨海区淤泥物理-力学参数之间典型的相关性汇总表

土工参数指标	拟合回归方程	相关系数 R
w-ρ	$w = -114.48\rho + 246.16$	-0.829
e-w	$e = 0.027w + 0.086$	0.973
e-ρ	$e = -3.59\rho + 7.55$	-0.935
w_p-w_L	$w_p = 0.40w_L + 6.63$	0.9996
I_p-w_L	$I_p = 0.60w_L - 6.61$	0.9998
I_p-w_p	$I_p = 1.50w_p - 16.52$	0.999
E_s-a	$E_s = 2.47a^{-0.80}$	-0.911

除了以上讨论的滨海区淤泥的物理-力学性质指标之间所具有的相关性外,抗剪强度指标 c、φ 值是一对互相关的量,它们由同一试验得出,同时出现在库伦抗剪强度公式($\tau = c + \sigma \mathrm{tg}\varphi$)中,在计算地基承载力、判断地基稳定性时均要用到这组指标。滨海区淤泥的抗剪强度试验分为直剪快剪试验、直剪固结快剪试验和三轴 UU 试验,对各种试验条件下求得的抗剪强度指标进行相关性分析,结果如表 2-4 所示。

表 2-4 不同试验方法下淤泥抗剪强度指标相关性分析

试验方法	抗剪强度指标	样本容量/个	相关系数 R
直剪快剪试验	c_q、φ_q	79	-0.047
直剪固结快剪试验	c_{cq}、φ_{cq}	64	0.434
三轴 UU 试验	c_{uu}、φ_{uu}	130	0.622

由表 2-4 的结果分析可知,直剪快剪试验得到的抗剪强度指标相关性很小,离散性很大;而直剪固结快剪试验和三轴 UU 试验得到的抗剪强度指标相关性更强一些。

2.4 滨海区基坑工程难题

填海是滨海城市增加土地利用面积的主要手段。滨海区处于海陆交互地带,在近代滨海沉积环境中常发育为一套较厚的欠固结淤泥及淤泥质土层。填海造陆的流程是首先在滨海区之上抛填块石,再进行人工填土,填土普遍较厚且分布不均。下伏花岗岩基岩由于遭受风化剥蚀还残留大面积凸出孤石。同时,随着城市化建设推进,周边环境愈加复杂,建筑物密集,控制管线多,深基坑工程基坑开挖规模不断扩大,深度不断加深,种种因素使得滨海填海区深基坑工程问题突出。

2.4.1 同步在建基坑群施工问题

滨海区实施的基坑工程较多,不可避免地出现多个基坑相继开挖及坑中坑的问题。一般将 2 个以上的相邻基坑视为基坑群。相邻基坑卸荷作用相互影响,其开挖变形规律更加复杂。

综合前人对基坑群的研究成果可获得如下认识。

(1) 与单基坑开挖相比,基坑群的开挖将加剧基坑周边土体沉降,同时紧邻的坑间土堤沉降最为明显(郭力群等,2014)。

(2) 相邻基坑开挖时,先开挖基坑的围护结构会向后开挖基坑方向发生整体侧移(林巍等,2011)。

(3) 相邻基坑间的相互作用与基坑彼此的间距成正比,基坑相距越近,相互作用越明显。

(4)相邻基坑开挖时,以同步开挖最为有利,同步开挖使两侧基坑同步卸载,有利于围护体变形控制。

滨海填海区以不良地质条件为特点,含有巨厚软土层及人工填土,软土层流动性高,易受扰动,相邻基坑开挖将加剧基坑的相互作用,使基坑变形及开挖对周边环境的影响更为明显,增加了施工过程中基坑稳定性的控制难度,也增加了基坑开挖过程中的风险。

2.4.2　共墙基坑问题

共墙基坑主要出现于采用地下连续墙作为围护结构的基坑群工程中。由于基坑间的间距过小,不利于两幅平行地下连续墙的施工,同时为了利用既有地下连续墙,节约经济造价,基坑相邻处共用同一地下连续墙。

共用地下连续墙保证了基坑的稳定性,但同时也存在新的问题。在两个不同的基坑项目中,由于在设计基坑一侧地下连续墙时未考虑另一个基坑的存在,因此会出现两个深度不同的共墙深基坑,较浅基坑共用较深基坑的地下连续墙,或较深基坑共用较浅基坑的地下连续墙。对于第一种情况,较深基坑的地下连续墙能够满足较浅基坑的稳定开挖需求,但对第二种情况,较浅基坑将难以满足较深基坑的稳定开挖需求。

为了解决上述第二种情况出现的问题,实现地下连续墙的共用,工程中将对地下连续墙实施强度补足措施,主要在地下连续墙嵌入深度不够处采用钻孔灌注桩进行强度补足。补强桩的出现解决了共用地下连续墙嵌入不足的问题,但补强桩的设置也可能影响后续建筑物的主体结构施工,必须再进行补强桩的凿除,因此应对补强桩的凿除稳定性进一步深入研究。

2.4.3　基坑支护体系协调变形问题

深基坑的稳定性由围护结构及支撑结构共同承担,水平支撑结构分钢结构和混凝土结构,而由于软土基坑受力体系复杂,为防止掉撑,支撑一般采用混凝土结构以增加节点的抗拉强度。目前,在现有基坑工程规范及工程实践中,按照混凝土弹性模量的设计值来计算围护结构变形数值和内支撑轴力。而在实际工程中,由于受工期和施工工序的影响,在基坑开挖时内支撑混凝土弹性模量往往未达到设计值,导致基坑实际变形数值远大于设计值,且内支撑轴力实测值并不准确。

滨海区发育巨厚软土层,深基坑卸荷大,周边软土层弹性模量小,易受扰动,加快了基坑土体卸荷后的应力重分布,使应力迅速集中于卸荷面,而受早期刚度影响,支护结构提供的抵抗力无法达到设计值,导致软土深基坑产生较大的变形,甚至发生破坏。因此,软土背景下的深基坑受早期刚度影响远大于硬质土层背景下的深基坑,这对滨海填海区深基坑的设计施工提出了更高的要求。

滨海填海区深基坑受早期刚度影响明显,基坑的实际变形值往往与设计值之间存在较大差异。目前这种差异在实际工程中难以调整,这不仅会导致基坑变形难以满足规范要求,而且很可能导致基坑支护体系失稳破坏。为了严格控制基坑的变形,工程师在设计时往往会提高支护体系刚度,尤其是内支撑的刚度。此外,预加内支撑轴力或通过轴力伺服系统进行轴力补偿也可减小基坑的水平位移。这些措施的实施在一定程度上能够抑制基坑侧移,降低开挖成本,但将引发内支撑轴力急剧增大,甚至导致内支撑失稳破坏。这些措施还会使围护结构受到的水平土压力明显增大,导致围护结构内力急剧增加,引起施工风险。因此,对支护体系在不同开挖状态下的受力特性进行实时调整,将内支撑轴力和基坑水平位移控制在预定的范围内成为控制基坑稳定性的关键因素。

2.4.4 基坑开挖稳定性

滨海填海区含巨厚的人工填土层及软土层,岩土性质较差,承载力较低,周边土体易受开挖扰动,在基坑开挖过程中周边沉降难以控制,基坑失稳风险较高,且沿海地区经济发达,周边环境复杂,建筑物密集,建筑荷载进一步加大了土体的卸荷效应,加剧了支护结构的应力集中,增加了保证基坑稳定性的难度,若基坑发生失稳破坏,后果难以预计。

滨海填海区的深基坑群面临更严峻的挑战,除了需要面对不良地质条件和复杂的周边环境外,还需解决基坑群中各基坑开挖产生的耦合作用问题。由于深基坑群开挖面积大,开挖深度深,开挖释放的地应力大,支护设计难度大,造价成本高,因而对支护结构质量要求严格。同时,各基坑间距小,基坑开挖时相互影响,不同的开挖顺序将产生不同的基坑群变形规律,进一步增加了基坑失稳风险。

3　滨海软土基坑群开挖时序及变形特性

城市轨道交通建设越来越多,相应的基坑工程规模也越来越大,常常面临大规模的同步施工基坑群。长大的基坑施工周期长,工况较为复杂,不仅要考虑多个基坑组成的基坑群协同开挖,还要考虑关键施工节点位置的变形控制。因此对深大基坑群开挖变形特性进行研究,不仅可以为基坑变形控制提供参考,还可以据此合理规划基坑的开挖时序,从而保障工程的安全性并提高施工效率。

3.1　基坑群问题概述

随着城市地下空间的进一步开发,地下工程逐渐由原有的空间独立、功能单一转向区域连通的综合发展模式,工程规模也表现出"大、紧、深、近"的发展趋势(范凡,2017;朱亦弘等,2017)。受工程规模、施工周期、环境保护等因素的影响,地下工程在开发过程中不可避免地出现相邻的多个地块并行施工的情况,带来大量的基坑群工程问题,大面积、多区块开挖的难题也对工程设计与施工提出了更高的要求。

基坑群问题是指在一定范围内,由于多个基坑同时开挖引起土压力相互影响,土体变形叠加而在基坑工程设计与施工中带来的一系列工程问题(章红兵,2016)。基坑群工程建设周期长、开挖面积大,并行开挖的基坑间相互作用错综复杂,施工过程中不同区块开挖造成土压力多次卸荷,与单体基坑相比,在结构受力、应力路径及土压力状态上都有较大差别(郑刚等,2011;陈焘等,2012)。

从基坑群的组成形式来看,基坑群可分为相似基坑群和复杂基坑群(图3-1)。相似基坑群的特点是基坑平面尺寸、开挖深度相近,支护形式、开挖方式相同。相似基坑群常见于商业小区住宅楼基坑。复杂基坑群指组成基坑群的单体基坑支护形式、开挖深度、基坑形状以及基坑用途等均不相同的基坑群,常见于交通枢纽、商业综合体等项目,通常具有超大、超深、多层次复合、多井并行开挖以及非对称的特点。

从基坑之间的位置关系来看,基坑群又可分为以下3种形式(图3-2)。

(1)坑连坑。其特点是基坑间距较小,但存在一定的缓冲区,基坑之间不相连,围护结构不共用。

(2)坑靠坑。其特点是基坑群之间部分或全部相连,通常共用围护结构,基坑群之间相

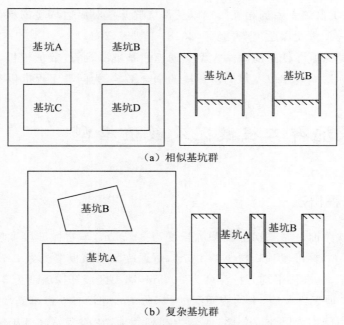

(a) 相似基坑群

(b) 复杂基坑群

图 3-1 基坑群组织形式分类

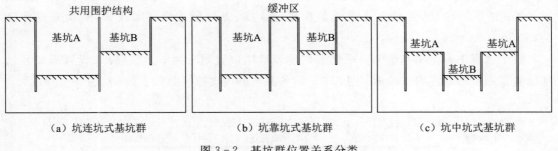

(a) 坑连坑式基坑群　　(b) 坑靠坑式基坑群　　(c) 坑中坑式基坑群

图 3-2 基坑群位置关系分类

互影响程度最高。

(3) 坑中坑。其特点是基坑群之间在竖直与水平方向均存在相互影响,通常先开挖上部面积较大基坑,后开挖下部较深基坑,下部基坑开挖对上部既有基坑稳定性会造成较大影响。

目前城市地下空间开发中出现的大多是坑靠坑、坑连坑以及坑中坑中的一种或多种组合的复杂基坑群问题。由于基坑工程本身的复杂性,加上基坑群相互影响和对周边环境的叠加影响,基坑群工程复杂程度对理论研究、工程设计及现场施工提出了更高的要求。虽然在基坑工程领域已有大量国内外文献资料,但多集中在传统单个基坑的受力及变形性状研究,涉及基坑群问题的研究较少,基坑群工程施工中大多依靠工程经验,缺乏对基坑群内在作用机理及共性问题的认识。因此,为了给工程实践提供技术支撑,需要对基坑群开展系统性研究,如评估基坑群施工中的相互影响以及基坑群开挖对周边环境的耦合作用,成为目前基坑工程领域的一个重要课题(李大鹏等,2018;丁智等,2021)。

笔者依托穗莞深城际铁路前海站大型交通枢纽基坑群,通过数值模拟,分析不同基坑群开挖方案下的相互影响规律以及对周边环境的耦合影响,为同类工程提供参考借鉴。

3.2 基坑群工程概况及数值模型

3.2.1 工程概况

穗莞深城际铁路前海站二期工程基坑长度为314.6m,车站标准段宽度为27.7m,端头区域宽度为41.45m,标准段顶板覆土约1.5m,折返线区段顶板覆土为1.1~3.0m。车站基坑采用明挖法施工,标准段平均开挖深度为30.5m,端头区域开挖深度为34.0m。基坑围护结构采用厚1.2m地下连续墙,平均嵌固深度约10.0m,并设有6道钢筋混凝土内支撑。

车站北侧和南侧均为已建成公路,西侧为规划用地,在前海站施工期间暂未开工,拟建车站范围内无控制性管线。车站二期基坑东侧为前海枢纽超高层建筑 T_2—T_4 地块,T_2—T_4 建筑基坑与车站二期基坑共用地下连续墙274.0m。T_2—T_4 建筑基坑围护结构均采用厚1.2m地下连续墙,并设有6道钢筋混凝土支撑,支撑形式为环梁支撑,平均开挖深度为28.5m。

施工过程中将车站基坑(S_2)根据东侧建筑基坑位置划分为3个区段(未设置隔离墙)。基坑群布局及各基坑内支撑形式见图3-3,各基坑群内支撑参数如表3-1、表3-2所示。

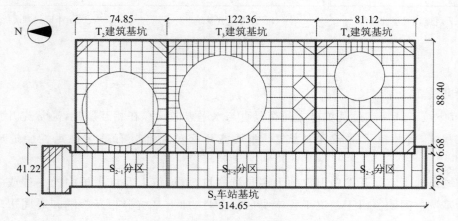

图3-3 基坑群布局简图(单位:m)

表 3-1 基坑群内支撑标高

支撑序号	支撑标高/m			
	S_2 车站基坑	T_2 基坑	T_3 基坑	T_4 基坑
1	-1.65	-1.65	-1.65	-1.65
2	-7.35	-7.35	-7.35	-7.35
3	-12.55	-12.5	-12.5	-12.5
4	-17.05	-16.5	-16.5	-16.5
5	-20.55	-20.55	-20.55	-20.55
6	-25.46	-24.55	-24.55	-24.55
基底	-30.5	-28.5	-28.5	-28.5

表 3-2 内支撑截面参数

支撑序号	截面尺寸/mm					
	S_2 车站基坑	T_2 基坑	T_3 基坑		T_4 基坑	
		支撑梁/环梁	支撑梁	环梁	支撑梁	环梁
1	800×900	1000×1200	1000×1200	1800×1200	1000×1200	1200×1800
2	1000×1000	1200×1000	1200×1000	2200×1200	1000×1200	1100×2100
3	1000×1000	1200×1000	1200×1000	2500×1200	1200×1200	1200×2200
4	1000×1000	1200×1000	1200×1000	2500×1200	1200×1200	1200×2200
5	1000×1000	1200×1000	1200×1000	2200×1200	1200×1200	1100×2100
6	1000×1000	1200×1000	1200×1000	2000×1200	1200×1200	1000×2000

3.2.2 地质条件

3.2.2.1 工程地质

车站范围内上覆第四系全新统人工填土层(Qh^{ml})、第四系全新统海陆交互相沉积层(Qh^{mc})、冲洪积层(Qp^{al+pl})、残积层(Q^{el}),下伏基岩为加里东期花岗岩($M\gamma_3$),全—微风化,岩层风化不均,岩面起伏较大。自上而下地层依次为杂填土、素填土、人工填块石、淤泥质黏土、粉质黏土、砂质黏性土、中粗砂、全风化花岗岩、强风化花岗岩、中风化花岗岩,车站底板位于全、强、中风化花岗岩地层中。

根据勘探成果及室内试验,各地层物理力学指标如表 3-3 所示。

表 3-3　各地层物理力学参数表

地层	重度 γ/(kN·m^{-3})	黏聚力 c/kPa	φ 内摩擦角 /(°)	静止侧压力系数	渗透系数	压缩模量 E_s/MPa	泊松比 μ
素填土	17.5	10.0	10.0	0.55	0.5	—	—
人工填块石	20.0	—	25.0	0.55	20.0	—	—
杂填土	18.5	5.0	18.0	0.6	8.0	—	—
淤泥质黏土	17.7	13.0	5.45	0.6	0.005	2.21	0.36
粉质黏土-1	18.8	17.0	10.95	0.51	0.005	3.75	0.34
粉质黏土-2	19.3	23.05	13.2	0.46	0.005	5.2	0.32
中粗砂	20.0	—	28.0	0.33	15.0	—	0.25
砂质黏性土	19.8	29.66	21.21	0.38	0.1	4.44	0.28
全风化花岗岩	20.1	30.0	24.28	0.34	0.1	5.41	0.28
强风化花岗岩	20.0	36.0	28.0	0.29	0.5	—	0.25
中风化花岗岩	26.1	800.0	40.0	—	1.5	—	0.23

3.2.2.2　水文地质

车站地貌主要属于平原地貌，所揭露第四纪地层为人工填土层、冲洪积砂土层、残积土层，基岩为花岗岩。地下水位的变化受地形地貌和地下水补给来源等因素控制。勘察所揭露的地下水水位埋藏变化较大，稳定的水位埋深为 1.3～6.0m，标高为 -0.53～6.248m。地下水位年变幅为 1.0～2.0m。

车站地下水主要有第四系中的上层滞水和松散岩类孔隙潜水，以及基岩裂隙水，具有微承压性。基岩裂隙水主要赋存于强、中风化带中，具有承压性，区域地质剖面如图 3-4 所示。

图 3-4　地质剖面图

3.2.3 工程重难点分析

3.2.3.1 地质条件复杂,不良地质分布广泛

区域不良地质条件主要表现为淤泥及淤泥质黏土。该土质孔隙比大,含水率和压缩性高,抗剪强度低,具有触变性、流变性及不均匀性等特点。这些特点导致土体自稳性差,基坑开挖过程中被动区提供的抗力较小。而区域范围内基坑工程平均开挖深度为30.0m,最深处可达35.0m,属超深基坑,开挖会引起围护结构发生较大幅度变形,叠加上淤泥质土等不良地质因素的影响,施工中围护结构位移控制非常困难。且区域范围内存在多个深基坑并行施工的情况,土层经过多次加载、卸载后,稳定性再次下降,对基坑群施工中结构位移变形控制十分不利。

3.2.3.2 工程边界条件复杂,基坑群施工相互影响

区域范围内存在4个超深基坑,且各基坑之间均存在共用地下连续墙的现象。车站基坑施工前,T_2与T_4基坑已完成开挖,T_3基坑与车站基坑并行施工。对于共用围护结构的坑连坑基坑群来说,任一基坑的开挖都会对临近已开挖或正开挖基坑产生较大影响,导致其他基坑边界条件改变,支护体系内力重分布,若未提前协调好群坑之间的施工时序,则极有可能出现后开挖基坑导致既有基坑结构内力、变形陡增,甚至出现围护结构失稳倾覆、支撑梁压缩破坏等重大安全事故。基坑群中不同部位的深基坑开挖均会引起周边地层位移,从而导致周边建(构)筑物受到多次叠加影响,由此引起的对周边环境的耦合作用也对现场施工的影响控制提出了巨大挑战。

3.2.4 数值模型

3.2.4.1 岩土体参数

从现有的研究成果来看,基坑开挖模拟中所涉及的岩土材料与摩尔-库伦(Mohr-Coulomb)屈服准则中的参数更接近,因此选用Mohr-Coulomb本构模型进行岩土体模拟。

Mohr-Coulomb本构模型主要包含以下参数:①弹性模量E、泊松比μ;②内摩擦角φ;③黏聚力c;④重度γ。根据岩土工程勘察报告,模型共划分为7个土层,各土层所取用的相关参数如表3-4所示。

3.2.4.2 结构参数

地下连续墙、内支撑梁以及立柱均选用弹性本构模型生成,考虑到现场施工养护及其他因素,模拟计算中结构物弹性模量均取其标准试验模量的80%。各结构物参数见表3-5。

表3-4 土层物理力学参数

土层名称	重度 γ/(kN·m^{-3})	黏聚力 c/kPa	内摩擦角 φ/(°)	弹性模量 E/MPa	泊松比 μ	层厚 H/m
素填土	17.5	10.0	10.0	6.0	0.33	1.0
淤泥质黏土	17.7	13.0	5.4	3.0	0.36	13.0
粉质黏土	19.0	17.0	13.0	6.0	0.34	5.0
砂质黏性土	19.8	29.6	21.2	30.0	0.28	6.0
全风化花岗岩	20.1	30.0	24.3	90.0	0.28	3.0
强风化花岗岩	21.0	50.0	35.0	180.0	0.25	12.0
中风化花岗岩	26.1	800.0	40.0	500.0	0.23	10.0

表3-5 结构物参数

名称	材料类型	弹性模量 E/GPa	泊松比 μ
格构柱	Q355B 钢	200.0	0.3
地下连续墙	C35 混凝土	25.2	0.167
支撑梁	C35 混凝土	25.2	0.167
围檩	C35 混凝土	25.2	0.167

3.2.4.3 模型尺寸及边界条件

根据共墙基坑群现场实际情况，按照1∶1的比例建立三维精细化数值模型。选取车站二期基坑（S_2）及 T_1、T_3、T_4 建筑基坑为研究主体，由已有研究结论可知，基坑开挖造成周边地表沉降的范围约为4倍开挖深度，故水平方向模拟边界向基坑外延伸120.0m，竖直方向取60.0m深度（于建，2001；陈丹，2009；林巍等，2011）。模型总尺寸为555m×376m×60m。模型顶部设置为自由边界，四周边界约束法向位移，底部设置为固定边界。根据工程实况，通过在基坑围护结构外侧施加大小为15.0kPa的均布荷载来模拟施工荷载。

在工程实际施工时，采用止水帷幕阻隔地下水，在开挖前及开挖过程中均采取排水及降水措施，并通过回灌方式保持水压稳定，因此数值模拟中不考虑流固耦合问题。数值模型平面、支护结构细节如图3-5、图3-6所示。

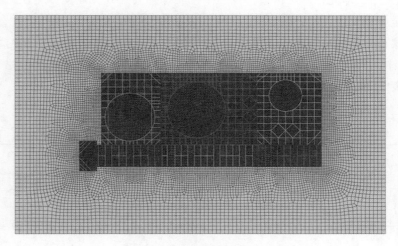

图 3-5 数值模型平面

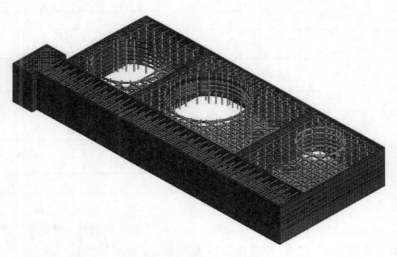

图 3-6 支护结构细节

3.3 超长车站深基坑开挖施工顺序影响规律

3.3.1 超长车站分区开挖方案

根据施工现场分区方案,狭长车站基坑 S_2 对应东侧共墙建筑基坑划分为 S_{2-1}、S_{2-2}、S_{2-3} 区段。由于区段间未布置隔离墙,为防止在非同步开挖时相邻区段间临空面发生垮塌,采用阶梯式开挖的方式,即先在施工区段开挖至下一支撑标高处并完成支撑施工后,再将相邻开挖区段开挖至相应支撑深度,两相邻区段间始终存在1层坑间土的高差。

为研究狭长车站基坑不同开挖方案下的变形规律,共设置4组模拟开挖方案:同步开挖、先两端后中间开挖、先中间后两端开挖、顺序开挖(从 S_{2-1} 至 S_{2-3} 依次开挖)。车站基坑开挖方案见表3-6。

表3-6 狭长车站基坑分区开挖方案

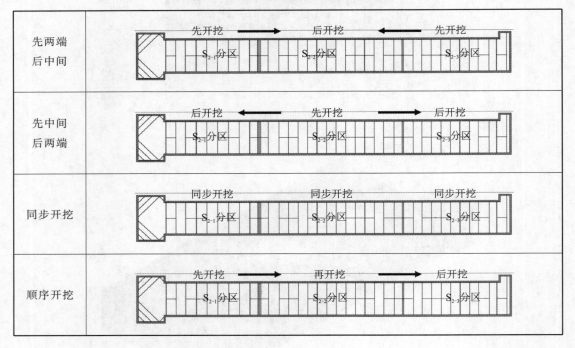

根据表3-6中的分区开挖方案进行狭长车站基坑的模拟开挖,对比各方案结果中的地下连续墙深层水平位移、支撑内力、周边沉降等数据,分析不同开挖卸载顺序对狭长深基坑受力变形的影响规律,优选出最利于结构变形与内力控制的开挖方案。

3.3.2 开挖顺序对狭长深基坑受力变形影响规律

3.3.2.1 地下连续墙水平位移分布规律

模拟开挖结束后,4种开挖方案中地下连续墙最大水平位移均出现在沿墙深约 $0.5H_e$ 处,提取 S_2 车站基坑标准段长边 $0.5H_e$ 深度处地下连续墙深层水平位移,如图3-7所示。

由图3-7可知,4种开挖方案中地下连续墙位移在距离基坑两端约 $60.0m(2H_e)$ 处变形趋势基本一致,超出该范围后不同开挖方案的墙体位移均存在一定差异。其中同步开挖方案中墙体位移由两端向中部逐渐增加,在距离端头约 $60.0m(2H_e)$ 处达到最大值并趋于

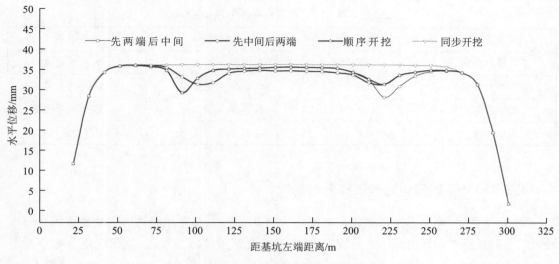

图 3-7 地下连续墙深层水平位移

稳定。3 种阶梯式分区开挖方案的位移曲线在分区边界处均出现拐点：先两端后中间方案 2 处拐点的墙体位移为平滑段最大值的 82.1%、79.2%；先中间后两端方案 2 处拐点的墙体位移为平滑段最大值的 90.3%、90.5%；而顺序开挖方案由于在 S_{2-1} 分区、S_{2-2} 分区中的工序与先两端后中间方案的一致，在 S_{2-2} 分区、S_{2-3} 分区中的工序与先中间后两端方案的一致，因此其前半段位移曲线与先两端后中间方案的一致，后半段变形曲线与先中间后两端方案的一致，2 处拐点的位移分别为平滑段最大值的 82.4%、88.3%。

从整体变形趋势来看，同步开挖方案的变形曲线较为平滑，但墙体位移最大；先两端后中间方案对墙体位移的控制效果较好，拐点段位移为同步开挖方案相同位置的 89.6%，平滑段位移为同步开挖方案的 96%，但墙体位移曲线在分区交界处突变严重；先中间后两端方案对墙体位移也具有一定控制效果，拐点段位移为同步开挖方案相同位置的 91.9%，平滑段位移为同步开挖方案的 94.8%，且其整体位移曲线在分区交界处较为平滑。

3.3.2.2 内支撑最大轴力分布规律

各方案开挖过程中出现的内支撑梁的最大轴力见表 3-7。各方案中内支撑均在开挖至基坑底部时达到最大轴力，且均出现在第 4 道支撑上。内支撑轴力与地下连续墙位移成正比，因此各方案中的最大支撑轴力出现的位置与图 3-7 中地下连续墙最大位移出现的位置基本一致。除先中间后两端方案外，其他 3 种方案中的最大支撑轴力均出现在基坑长边中部。

在先中间后两端方案中，最大支撑轴力出现在 S_{2-1} 分区，且最大轴力值相比其他 3 种方案的较小，分别为两端先挖、依次开挖、同步开挖方案的 94.7%、90.8%、83.5%。从支撑轴力的角度来看，先中间后两端方案对结构受力的控制效果最好。

表 3-7　内支撑最大轴力

开挖方案	最大支撑轴力/kN	出现位置	出现工况
先两端后中间	6551	S_{2-2} 区第 4 道支撑	S_{2-2} 区开挖至坑底
先中间后两端	6209	S_{2-1} 区第 4 道支撑	S_{2-1} 区开挖至坑底
顺序开挖	6837	S_{2-2} 区第 4 道支撑	S_{2-2} 区开挖至坑底
同步开挖	7428	S_{2-2} 区第 4 道支撑	同步开挖至坑底

3.3.2.3　基坑周边地表沉降分布规律

图 3-8 为 S_2 车站基坑西侧距离地下连续墙 $0.5H_e$ 处沿基坑长边方向的地表沉降分布曲线。4 种开挖方案均出现了差异沉降现象，最大沉降数值较为接近，整体沉降分布沿基坑长边呈现出"中间大，两头小"的趋势。其中，同步开挖方案中的地表沉降分布曲线最平滑，对周边环境的影响最小。3 种阶梯式开挖方案的地表沉降曲线在各分区交界处均出现明显拐点，先两端后中间方案 2 处拐点的地表沉降为平滑段的 85.3%、86.1%，先中间后两端方案 2 处拐点的地表沉降为平滑段的 91.3%、91.1%，顺序开挖方案 2 处拐点的地表沉降为平滑段的 85.4%、91.0%。

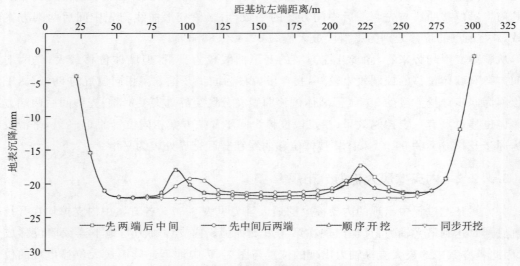

图 3-8　沿基坑长边地表沉降分布规律

从对周边环境影响的角度看，虽然 4 种开挖方案均会导致基坑周边土体出现差异沉降，但同步开挖方案中长边中部位置的地表沉降分布曲线较为平滑，而 3 种阶梯式开挖方案的沉降曲线在长边中部均出现 2 处明显拐点，对周边环境的影响更大。

3.4 基坑群开挖方案分析

3.4.1 共墙基坑群整体开挖方案的影响因素

前海交通枢纽基坑群主要由 T_2、T_3、T_4 建筑基坑与穗莞深城际铁路前海站超长车站基坑组成,车站基坑根据建筑基坑布局划分为 S_{2-1}、S_{2-2}、S_{2-3} 三个分区段。根据前文关于共墙深基坑围护结构受力变形影响规律和狭长车站分区开挖顺序的研究结果,共墙基坑群整体开挖方案中主要考虑以下影响因素。

3.4.1.1 基坑深度

从基坑深度角度考虑,T_2、T_3、T_4 建筑基坑开挖深度均为 $-28.5m$,车站基坑的 S_{2-1} 分区、S_{2-2} 分区、S_{2-3} 分区开挖深度均为 $-30.5m$。根据前文中不同深度条件下共墙深基坑开挖顺序的研究结论,在考虑共用地下连续墙的建筑基坑与车站基坑开挖顺序时,同步开挖为最佳方案。若采用非同步开挖方案,先开挖建筑基坑(浅),后开挖车站基坑(深),对共用地下连续墙的受力变形控制更有利,且后开挖基坑对先开挖基坑扰动小。

3.4.1.2 内支撑刚度系数

从内支撑刚度系数角度考虑,车站基坑的 S_{2-1} 分区、S_{2-2} 分区、S_{2-3} 分区内支撑形式为对撑,且跨度小,内支撑刚度系数大于采用大跨度环梁支撑的 T_2、T_3、T_4 建筑基坑的系数。根据前文中不同内支撑刚度系数条件下共墙深基坑开挖顺序的结论,在考虑共用地下连续墙的建筑基坑与车站基坑开挖顺序时,同步开挖为最佳方案。若采用阶梯式开挖方案,则先开挖建筑基坑(刚度系数小),后开挖车站基坑(刚度系数大),后开挖基坑对先开挖基坑扰动小;先开挖车站基坑(刚度系数大),后开挖建筑基坑(刚度系数小)对共用地下连续墙的受力变形控制更有利。

在考虑 T_2 与 T_3、T_3 与 T_4 共墙深基坑两两开挖顺序时,同步开挖为首选方案。在内支撑横向刚度系数上,$k_{T_2} < k_{T_3} < k_{T_4}$。因此,按 $T_4 \to T_3 \to T_2$ 的顺序开挖对共用地下连续墙的受力变形控制更有利;按 $T_2 \to T_3 \to T_4$ 的顺序开挖,后开挖基坑对先开挖基坑扰动小。

3.4.1.3 车站分区开挖顺序

在前一节的车站分区开挖方案研究中,依据地下连续墙深层水平位移、支撑轴力以及周边地表沉降 3 个指标对车站分区不同开挖顺序进行了对比分析。根据分析结果,同步开挖方案中地下连续墙的位移最大,但位移连续性较好,未出现突变点,且在周边地表沉降方面,除基坑两端位置外,未出现明显差异沉降点。在阶梯式开挖方案中,先两端后中间和先中间后两端方案对地下连续墙变形的控制效果较好,但先中间后两端方案在地下连续墙位移连续性、支撑轴力以及地表沉降影响等方面优于先两端后中间方案。对比先中间后两端方案和同步开挖方案,由于施工场地周边无控制性管线、无重要建筑物,因此应优先考虑结构变形控制,车站基坑采用先开挖中部分区,再阶梯式向两端分区开挖的施工方案,后文所提及的 S_2 车站基坑均采用该开挖方案。

3.4.2　5种基坑群整体开挖方案的模拟分析

根据以上不同条件下基坑群局部开挖方案的影响规律,结合工程实际,共整理出以下5种基坑群整体开挖方案进行深入模拟分析并评价其工程实用性。

3.4.2.1　方案一:S_{2-2}、T_3 同步开挖→S_{2-1}、T_2、S_{2-3}、T_4 同步开挖

考虑车站地下连续墙及车站基坑与建筑基坑之间共用地下连续墙的受力变形控制,中部 T_3 基坑与车站 S_{2-2} 分区先同步开挖,两侧 S_{2-1} 分区与 T_2 基坑、S_{2-3} 分区与 T_4 基坑后同步开挖。由于受车站基坑分区之间阶梯式开挖的限制,T_3 与 T_2 基坑、T_3 与 T_4 基坑之间也采用阶梯式开挖方案。开挖示意图见图3-9。

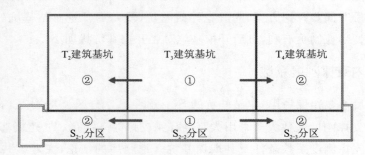

图3-9　方案一开挖顺序

3.4.2.2　方案二:T_2、T_3、T_4 同步开挖→S_2

从车站基坑与建筑基坑开挖深度、建筑基坑之间的内支撑刚度系数角度考虑,先同步开挖深度较浅的建筑基坑,后开挖深度较大的车站基坑。开挖示意图见图3-10。

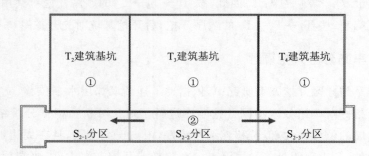

图3-10　方案二开挖顺序

3.4.2.3 方案三：$S_2 \rightarrow T_2$、T_3、T_4 同步开挖

从车站基坑与建筑基坑的内支撑刚度考虑，先开挖内支撑刚度系数较大的车站基坑；从建筑基坑之间的刚度系数考虑，T_2、T_3、T_4 建筑基坑同步开挖。开挖示意图见图 3-11。

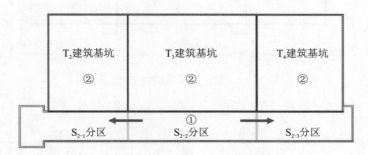

图 3-11 方案三开挖顺序

3.4.2.4 方案四：$T_2 \rightarrow T_3 \rightarrow T_4 \rightarrow S_2$

按内支撑刚度系数由小到大的顺序，先开挖基坑深度较浅的建筑基坑，后开挖基坑深度较深的车站基坑。开挖示意图见图 3-12。

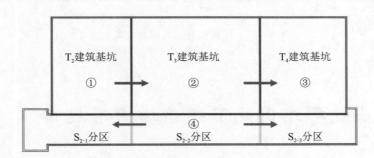

图 3-12 方案四开挖顺序

3.4.2.5 方案五：$T_4 \rightarrow T_3 \rightarrow T_2 \rightarrow S_2$

按内支撑刚度系数由大到小的顺序，先开挖基坑深度较浅的建筑基坑，后开挖基坑深度较浅的车站基坑。开挖示意图见图 3-13。

针对以上 5 种基坑群开挖方案进行模拟分析，基于外围地下连续墙变形、共用地下连续墙变形、开挖对临近基坑扰动、周边地表沉降等指标，对基坑群开挖方案进行对比分析。分析截面、墙体编号以及参考坐标系如图 3-14 所示。

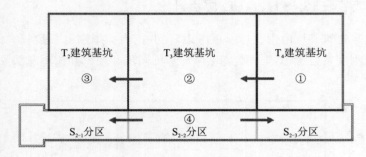

图 3-13 方案五开挖顺序

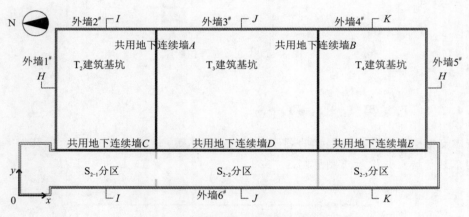

图 3-14 墙体编号及分析截面示意图

3.5 基坑群外围地下连续墙变形规律

在 5 种开挖方案中,基坑群外围地下连续墙 1#、5# 在截面 $H-H$ 处水平位移,地下连续墙 2# 在截面 $I-I$ 处水平位移,地下连续墙 3#、地下连续墙 6# 在截面 $J-J$ 处水平位移,地下连续墙 4# 在截面 $K-K$ 处水平位移,如图 3-15～图 3-20 所示。下面将通过分别分析 x 方向与 y 方向上的外围地下连续墙变形来研究 5 种开挖方案下外围地下连续墙的水平位移分布规律。

由图 3-15、图 3-16 可知,T_2 基坑与 T_4 基坑 x 方向上的外围地下连续墙 1# 和外围地下连续墙 5# 在方案四与方案五开挖顺序下的位移相比其他 3 种方案的较小。其中,方案四中地下连续墙 1# 的最大水平位移为 50.81mm,分别是方案一、方案二、方案三中地下连续墙 1# 最大水平位移的 95.96%、95.11%、93.09%;方案四中地下连续墙 5# 的最大水平位移为 30.13mm,分别是方案一、方案二、方案三中的 91.13%、88.42%、87.21%;方案五中地下

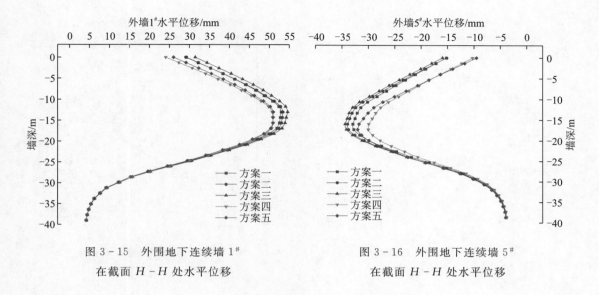

图 3-15 外围地下连续墙 $1^{\#}$ 在截面 H-H 处水平位移

图 3-16 外围地下连续墙 $5^{\#}$ 在截面 H-H 处水平位移

连续墙 $1^{\#}$ 的最大水平位移为 50.95mm，分别是方案一、方案二、方案三中的 95.97%、95.12%、93.10%，地下连续墙 $5^{\#}$ 的最大水平位移为 31.77mm，分别是方案一、方案二、方案三中的 96.48%、93.61%、92.33%。由外围地下连续墙 $1^{\#}$ 与地下连续墙 $5^{\#}$ 在各开挖方案中的位移差异可知，T_2、T_3、T_4 建筑基坑之间依次开挖对 x 方向上外围地下连续墙位移变形的控制效果优于同步开挖或阶梯式开挖。

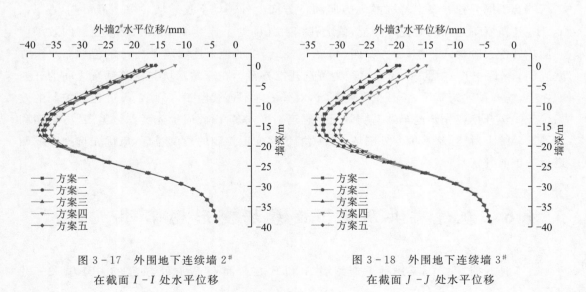

图 3-17 外围地下连续墙 $2^{\#}$ 在截面 I-I 处水平位移

图 3-18 外围地下连续墙 $3^{\#}$ 在截面 J-J 处水平位移

由于方案二、方案三与方案五在车站基坑与建筑基坑之间的开挖顺序上一致，因此在以上几种方案中基坑群 y 方向上的外围地下连续墙 $2^{\#}$、$3^{\#}$、$4^{\#}$、$6^{\#}$ 位移差异较小。由基坑群

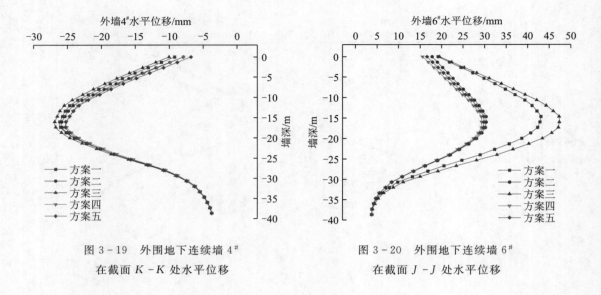

图 3-19 外围地下连续墙 4# 在截面 K-K 处水平位移

图 3-20 外围地下连续墙 6# 在截面 J-J 处水平位移

y 方向上的外围地下连续墙 2#、3#、4#、6# 在不同方案中的位移分布规律可知,方案三(先开挖车站基坑,后开挖建筑基坑)引起的地下连续墙位移最大,而先开挖建筑基坑的方案二、方案四、方案五对地下连续墙位移的控制效果较好,其中位移最小的方案四中地下连续墙 2#、3#、4#、6# 的最大位移分别为 35.36mm、29.56mm、25.31mm、29.32mm,分别是位移最大的方案三中地下连续墙最大位移的 93.37%、87.98%、94.19%、61.91%。

结合不同开挖方案中基坑群 x 方向和 y 方向上外围地下连续墙位移差异可知,在 T_2、T_3、T_4 建筑基坑之间的开挖顺序上,依次开挖对外围地下连续墙 1#、5# 位移控制的效果优于同步开挖或阶梯式开挖,而方案四($T_2 \rightarrow T_3 \rightarrow T_4$)中的地下连续墙 1#、5# 的位移略小于方案五($T_4 \rightarrow T_3 \rightarrow T_2$)中的,因此方案四为首选开挖方案。在车站基坑与建筑基坑之间的开挖顺序上,先开挖建筑基坑、再开挖车站基坑,对外围地下连续墙 2#、3#、4#、6# 位移控制的效果优于同步开挖或先开挖车站基坑后开挖建筑基坑方案,因此应优先考虑方案二、方案四和方案五。综上所述,从基坑群外围地下连续墙位移变形控制的角度考虑,应优先选择方案四进行基坑群开挖。

3.6 基坑群共用地下连续墙变形规律

在 5 种开挖方案中,共用地下连续墙 A 和 B 在截面 H-H 处,如图 3-21、图 3-22 所示。

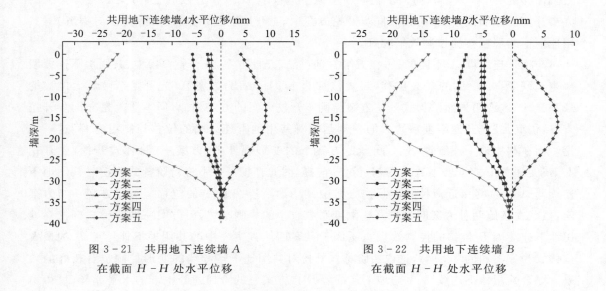

图 3-21 共用地下连续墙 A
在截面 $H-H$ 处水平位移

图 3-22 共用地下连续墙 B
在截面 $H-H$ 处水平位移

由图 3-21 可知,除方案五(先开挖 T_3,后开挖 T_2)外,其他方案中的共用地下连续墙 A 均向 T_2 侧偏移。其中,方案一的阶梯式开挖、方案二和方案三的同步开挖虽然会导致共用地下连续墙 A 偏向 T_2 基坑,但偏移幅度较小,3 种方案中地下连续墙位移最大值为 5.86mm,为方案四(先开挖 T_2)最大位移的 20.91%,为方案五(先开挖 T_3)最大位移的 63.69%,且地下连续墙整体位移曲线较为平滑,未出现突出极值点。

在非同步开挖的方案四(先开挖 T_2,后开挖 T_3)与方案五(先开挖 T_3,后开挖 T_2)中,共用地下连续墙 A 分别向 T_2 侧、T_3 侧发生内凸形位移,最大位移均出现在距离墙顶 $0.5H_e$ 附近。方案五中共用地下连续墙的位移值相比方案四较小,墙顶位移为 4.08mm,是方案四墙顶位移的 19.23%,墙腹最大位移为 9.16mm,是方案四最大位移的 32.68%。从共用地下连续墙 A 的位移来看,方案一、方案二和方案三均对共用地下连续墙 A 的位移控制有较好的效果。方案四中共用地下连续墙 A 向 T_2 侧发生较大幅度的侧移,墙腹最大位移达到 28.03mm,对共用地下连续墙位移的控制效果最差。这也与第 3 章研究中,在两侧基坑内支撑刚度系数不同的前提下,非同步开挖方案中先开挖刚度系数较大的基坑有利于共用地下连续墙位移控制的结论相符合。

在位移形式上,两种同步开挖方案共用地下连续墙 B 的位移均为悬臂式,阶梯式开挖的方案一中共用地下连续墙 B 的位移形式为悬臂式与内凸形相结合的混合型,腹部凸点处极值较小。方案四与方案五的非同步开挖方案中共用地下连续墙 B 的位移均为明显的内凸形。

从位移分布规律看,共用地下连续墙 B 与地下连续墙 A 较为相似,在方案二与方案三的同步开挖过程中,共用地下连续墙 B 均向内支撑刚度系数较小的 T_3 侧偏移,但偏移幅度较小,最大位移为方案一中出现的 5.12mm,分别为方案四(先开挖 T_3)、方案五(先开挖 T_4)

最大位移的 24.45%、69.94%。在对共用地下连续墙 B 位移的控制上，方案二与方案三的同步开挖的控制效果最好；在非同步开挖方案中，先开挖刚度系数较大的基坑（方案五）对共用地下连续墙位移的控制效果较好。

与地下连续墙 A 不同的是，在方案一（阶梯式开挖方案，先开挖 T_3）中，共用地下连续墙 B 也出现了向 T_3 侧的较大位移，最大位移为 8.94mm，为方案五（先开挖 T_4）最大位移的 122.3%。这说明虽然阶梯式开挖方案与同步开挖方案的方式相似，但本质上是非同步开挖方案，仍满足"先开挖刚度系数大的一侧基坑对共用地下连续墙的位移控制更有利"这一结论。而在共用地下连续墙 A 不同开挖方案下的变形规律中，方案一（阶梯式开挖，先开挖 T_3）满足了先开挖刚度系数大的基坑这一前提，因此在该条件下进行阶梯式开挖时共用地下连续墙 A 的位移接近两种同步开挖方案中共用地下连续墙 A 的位移。对比方案一与方案四，虽然在实施两种方案时都先开挖刚度系数较小的一侧基坑，但方案一的阶梯式开挖对共用地下连续墙 B 位移的控制效果明显优于方案四。方案一中的共用地下连续墙 B 的最大位移仅为方案四的 42.7%，这说明阶梯式开挖对共用地下连续墙的变形控制也有较好的效果。综合共用地下连续墙 A 与地下连续墙 B 在方案一的阶梯式开挖下的水平差异，可得出下列结论：在共用地下连续墙两侧内支撑刚度系数不同时，采用先开挖刚度系数大的一侧基坑或阶梯式开挖方案均能有效控制共用地下连续墙的位移变形，两者结合对位移控制的效果最好，若不能同时满足这两个条件，则应选择先开挖刚度系数较大基坑的方案。

由于方案二、方案四、方案五在车站分区与对应共墙建筑基坑的开挖顺序上相同，因此 3 道车站分区与对应基坑共用地下连续墙位移变形也基本一致。从共用地下连续墙的变形性状来看，无论是同步开挖，还是非同步开挖，共用地下连续墙均向对应建筑基坑侧发生内凸形位移，这也与第 2 章实测数据分析得出的结论一致。

在 5 种基坑群开挖方案中，方案三（先开挖车站基坑，后同步开挖建筑基坑）对车站基坑与建筑基坑的共用地下连续墙位移控制效果最好，共用地下连续墙 C（图 3-23）、共用地下连续墙 D（图 3-24）、共用地下连续墙 E（图 3-25）在方案三开挖顺序下的最大位移分别为 26.66mm、21.28mm、7.01mm，分别是最大位移方案的 71.04%、61.73%、28.18%。

从建筑基坑与车站基坑之间的开挖顺序考虑，方案三（先开挖车站基坑）中非同步开挖对共用地下连续墙变形的控制效果优于方案一（同步开挖），但这与第 3 章的研究结论并不矛盾：从基坑内支撑刚度角度分析，控制效果应优于同步开挖或先开挖刚度系数较大的一侧，即车站基坑；从基坑深度角度分析，控制效果应优于同步开挖或先开挖基坑深度较浅的一侧，即建筑基坑。由第 2 章实测数据分析可知，在实际工程中，无论是先开挖车站基坑，还是先开挖建筑基坑，共用地下连续墙均会向建筑基坑侧偏移，但先开挖车站基坑方案引起的偏移量更小，因为先开挖车站基坑结束后，共用地下连续墙会先向车站基坑方向发生内凸形位移，再开挖建筑基坑时，共用地下连续墙向车站方向的变形会逐渐恢复并向建筑基坑侧增长，从而有效减小共用地下连续墙的绝对位移。

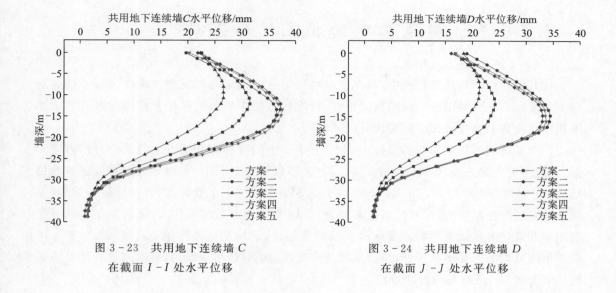

图3-23 共用地下连续墙C
在截面I-I处水平位移

图3-24 共用地下连续墙D
在截面J-J处水平位移

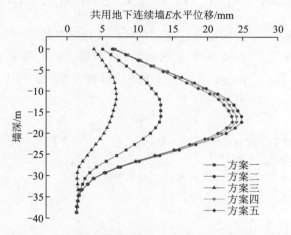

图3-25 共用地下连续墙E在截面K-K处水平位移

由建筑基坑之间共用地下连续墙、建筑基坑与车站共用地下连续墙两种共墙情况下开挖顺序的差异可知,在考虑共墙深基坑开挖顺序时,若只受单一因素影响(如上文中T_2、T_3、T_4建筑基坑之间仅有内支撑刚度系数差异),则可直接应用第3章结论;若两种影响因素对应的开挖顺序相冲突,则应根据两种影响因素的影响程度具体考虑,同步开挖不一定是最佳方案。

3.7 基坑群施工中的相互扰动分析

在共墙基坑群非同步开挖中,后开挖基坑会对已开挖基坑的支护体系受力变形造成影响。为研究 5 种方案中基坑间的扰动规律,选取各方案中后施工基坑开挖期间既有基坑地下连续墙位移的变化规律进行对比分析。

在对基坑间的扰动影响的分析中,由于方案一中的阶梯式开挖方案与同步开挖方案相似,因此不对方案一进行分析。在方案二、方案四以及方案五中,车站分区与对应建筑基坑之间(T_2 基坑与 S_{2-1} 分区、T_3 基坑与 S_{2-2} 分区、T_4 基坑与 S_{2-3} 分区)的开挖顺序一致,均是在建筑基坑开挖结束后,再开挖对应车站分区,因此仅以方案四为代表,分析车站基坑开挖对相邻共墙建筑基坑的影响。根据第 2 章研究结论,建筑基坑外围地下连续墙 $2^\#$、$3^\#$、$4^\#$ 处于车站基坑的主要影响区外,车站基坑开挖造成的影响较小,故不对建筑基坑外围地下连续墙 $2^\#$、$3^\#$、$4^\#$ 进行基坑扰动分析。

3.7.1 方案三($S_2 \to T_2$、T_3、T_4 同步开挖)中基坑扰动分析

在方案三开挖顺序中,车站基坑先开挖结束后以及建筑基坑后开挖结束后,车站基坑与建筑基坑共用地下连续墙 C、D、E 在对应截面 $I-I$、截面 $J-J$、截面 $K-K$ 处的水平位移如图 3-26~图 3-28 所示,车站基坑外围地下连续墙 $6^\#$ 在截面 $I-I$、截面 $J-J$、截面 $K-K$ 处的水平位移如图 3-29~图 3-31 所示。

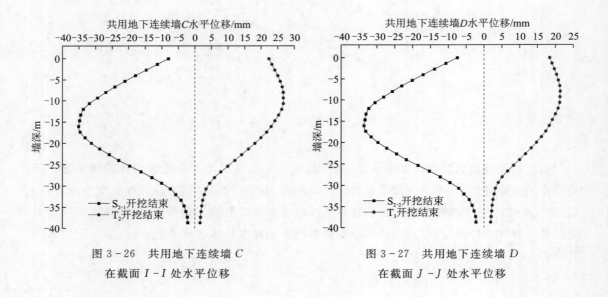

图 3-26　共用地下连续墙 C
在截面 $I-I$ 处水平位移

图 3-27　共用地下连续墙 D
在截面 $J-J$ 处水平位移

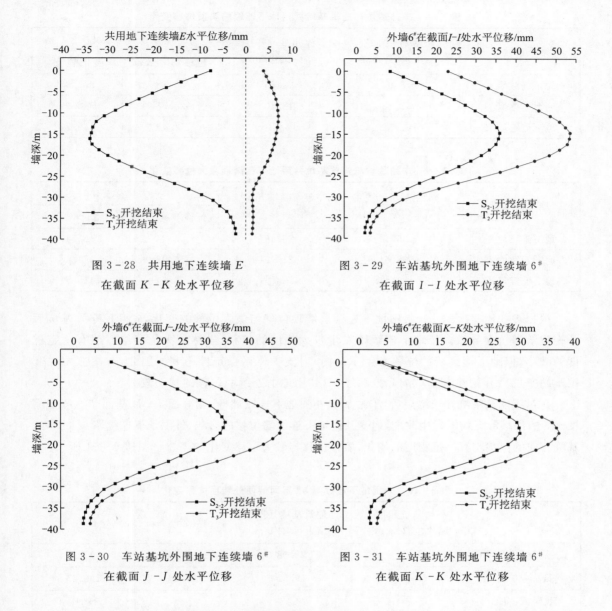

图 3-28 共用地下连续墙 E 在截面 K-K 处水平位移

图 3-29 车站基坑外围地下连续墙 $6^{\#}$ 在截面 I-I 处水平位移

图 3-30 车站基坑外围地下连续墙 $6^{\#}$ 在截面 J-J 处水平位移

图 3-31 车站基坑外围地下连续墙 $6^{\#}$ 在截面 K-K 处水平位移

由建筑基坑与车站基坑共用地下连续墙变形可知,在车站基坑单独开挖结束时,地下连续墙 C、D、E 均向车站基坑方向发生内凸形位移,在对应共墙建筑基坑开挖结束后,共用地下连续墙位移均发生反向,整体朝建筑基坑方向位移,位移形式为悬臂型与内凸形相结合的混合型,墙顶位移变化与最大位移变化分别如表 3-8、表 3-9 所示。

表 3-8　车站基坑与建筑基坑共用地下连续墙墙顶位移变化

地下连续墙	车站基坑开挖结束位移/mm	建筑基坑开挖结束位移/mm	墙顶位移变化	
			位移变化/mm	变化率/%
地下连续墙 C	-8.03	22.35	30.38	378.33
地下连续墙 D	-7.48	18.40	25.88	345.99
地下连续墙 E	-7.62	3.81	11.43	149.74

表 3-9　车站基坑与建筑基坑共用地下连续墙最大位移变化

地下连续墙	车站基坑开挖结束位移/mm	建筑基坑开挖结束位移/mm	最大位移变化	
			位移增量/mm	增长率/%
地下连续墙 C	-35.14	26.66	56.74	161.47
地下连续墙 D	-33.61	21.36	50.92	151.50
地下连续墙 E	-33.14	7.01	39.34	118.71

根据表 3-8 与表 3-9 共用地下连续墙墙顶位移与最大位移的变化,先开挖车站基坑后开挖建筑基坑会导致共用地下连续墙发生较大幅度的位移,虽然最大位移绝对值有一定程度的减小,但地下连续墙的位移发生了反向,对支护体系稳定性不利。因此,方案三中先开挖车站基坑后开挖建筑基坑的开挖顺序,对共用地下连续墙位移的扰动较大。

在对应建筑基坑开挖结束后,车站基坑外围地下连续墙 6# 在截面 I-I、截面 J-J、截面 K-K 的位移形态均未发生改变,但受共用地下连续墙位移的影响,外围地下连续墙 6# 的车站基坑方向的位移均有一定程度的增长,墙顶位移与最大位移变化如表 3-10、表 3-11 所示。

表 3-10　外围地下连续墙 6# 不同截面处墙顶位移变化

截面	车站基坑开挖结束位移/mm	建筑基坑开挖结束位移/mm	位移增量/mm	增长率/%
截面 I-I	8.49	22.98	14.49	170.67
截面 J-J	8.62	19.52	10.90	126.45
截面 K-K	3.74	4.42	0.68	18.18

表 3-11　外围地下连续墙 6# 不同截面处最大位移变化

截面	车站基坑开挖结束位移/mm	建筑基坑开挖结束位移/mm	位移增量/mm	增长率/%
截面 I-I	35.21	53.54	18.33	52.06
截面 J-J	34.69	47.36	12.67	36.52
截面 K-K	29.29	37.09	7.80	26.63

由表中数据可知,建筑基坑开挖对车站外围地下连续墙 6# 的墙顶位移影响较大,在截面 $I-I$、截面 $J-J$、截面 $K-K$ 处墙顶位移增量与增长率均较大,墙身最大位移相比之下增长率较小,但同样会受相邻建筑基坑开挖影响,增加位移。

由方案三中建筑基坑开挖对建筑基坑与车站基坑共用地下连续墙、车站基坑外围地下连续墙位移变形的影响可知,按照方案三的开挖顺序施工,共用地下连续墙位移会发生反向,由车站基坑开挖结束后的朝车站基坑方向的位移转变为朝建筑基坑方向的位移。这一转变对结构稳定性不利,且车站外围地下连续墙位移在建筑基坑开挖结束后也会发生较大幅度的增长,不利于车站基坑的变形控制。

3.7.2 方案四($T_2 \rightarrow T_3 \rightarrow T_4 \rightarrow S_2$)中基坑扰动分析

在基坑群开挖方案四中,T_3、T_4 基坑开挖对已开挖基坑 T_2 共用地下连续墙 A 的影响如图 3-32 所示,T_4 基坑开挖对已开挖基坑 T_3 共用地下连续墙 B 的影响如图 3-33 所示,车站基坑开挖对车站基坑与已开挖建筑基坑共用地下连续墙 C、地下连续墙 D、地下连续墙 E 的影响如图 3-34~图 3-36 所示。

由图 3-32 可知,T_2 基坑开挖结束后,共用地下连续墙 A 向 T_2 基坑方向发生内凸形位移。T_3 基坑开挖结束后,共用地下连续墙 A 的位移有一定程度的减小,但位移形态与

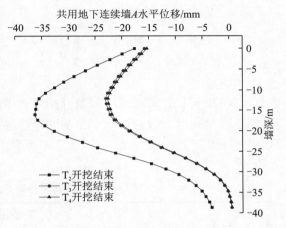

图 3-32 共用地下连续墙 A
在截面 $H-H$ 处水平位移

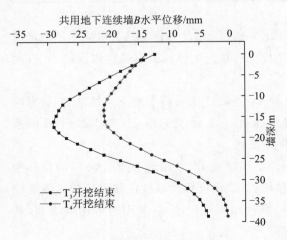

图 3-33 共用地下连续墙 B
在截面 $H-H$ 处水平位移

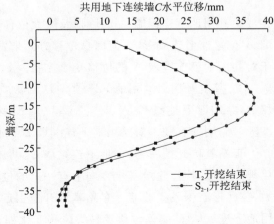

图 3-34 共用地下连续墙 C
在截面 $I-I$ 处水平位移

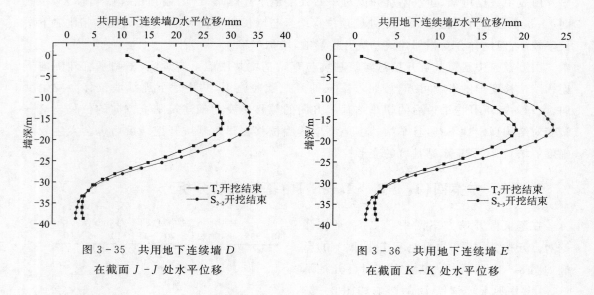

图 3-35　共用地下连续墙 D 在截面 J-J 处水平位移

图 3-36　共用地下连续墙 E 在截面 K-K 处水平位移

位移方向并未发生改变。T_4 基坑开挖对共用地下连续墙 A 基本无影响，墙体位移变化最大处的位移仅减小了 0.48mm。T_3 基坑开挖对共用地下连续墙 A 墙顶位移及最大位移影响如表 3-12 所示。

表 3-12　T_3 基坑开挖对共用地下连续墙 A 位移的影响

位移	T2 开挖结束位移/mm	T3 开挖结束位移/mm	位移增量/mm	增长率/%
墙顶位移	17.64	15.79	-1.85	-10.49
最大位移	36.31	23.07	-13.24	-36.46

由共用地下连续墙 A 的墙顶及最大位移变化可知，T_3 基坑开挖虽然会对共用地下连续墙 A 位移变形造成影响，但墙身位移方向未发生改变，且最大位移值有较大幅度减小，有利于对共用地下连续墙 A 的位移变形控制。

T_4 基坑开挖对共用地下连续墙 B 的影响与 T_3 基坑开挖对共用地下连续墙 A 的影响相似，共用地下连续墙 B 向 T_3 基坑内部的位移有一定程度的恢复，最大位移减小了 29.36%，同样有利于对共用地下连续墙 B 的位移控制。

车站基坑开挖后，共用地下连续墙 C、共用地下连续墙 D、共用地下连续墙 E 的位移变化规律相似，均在建筑基坑方向上有一定的位移增长，墙顶位移及墙腹位移最值增长幅度较大，位移形态未发生改变。车站基坑开挖引起的共用地下连续墙 C、共用地下连续墙 D、共用地下连续墙 E 墙顶位移及最大位移变化如表 3-13、表 3-14 所示。

表 3-13 车站基坑与建筑基坑共用地下连续墙墙顶位移变化

地下连续墙	建筑基坑开挖结束位移/mm	车站基坑开挖结束位移/mm	位移增量/mm	增长率/%
地下连续墙 C	11.74	20.26	8.52	75.57
地下连续墙 D	11.06	16.93	5.87	53.07
地下连续墙 E	1.81	6.64	4.83	266.85

表 3-14 车站基坑与建筑基坑共用地下连续墙最大位移变化

地下连续墙	建筑基坑开挖结束位移/mm	车站基坑开挖结束位移/mm	位移增量/mm	增长率/%
地下连续墙 C	30.81	37.35	6.54	21.23
地下连续墙 D	28.64	33.71	5.07	17.70
地下连续墙 E	19.16	23.54	4.38	22.86

由表中数据可知,车站基坑开挖对车站基坑与建筑基坑共用地下连续墙位移影响较大。从位移增量来看,墙顶位移最多增加了 8.52mm,在其原变形基础上增长了 75.57%;墙身最大位移最多增加了 6.54mm,在其原变形基础上增长了 21.23%。

由方案四中各基坑开挖对地下连续墙变形的影响规律可知,按照方案四的开挖顺序施工,建筑基坑之间的相互影响有利于对共用地下连续墙的位移控制,能有效减小共用地下连续墙的原位移,且位移方向不会发生改变;建筑基坑开挖结束后,车站基坑的开挖会导致共用地下连续墙位移增加,且增长幅度较大,不利于对车站基坑与建筑基坑共用地下连续墙水平位移的控制。

3.7.3 方案五($T_4 \rightarrow T_3 \rightarrow T_2 \rightarrow S_2$)中基坑扰动分析

由于方案五中的车站基坑与相邻建筑基坑的开挖顺序与方案四中的一致,故不再进行分析。按照方案五的开挖顺序施工,T_2、T_3 基坑开挖对 T_4 基坑共用地下连续墙 B 的影响如图 3-37 所示,T_2 基坑开挖对 T_3 基坑共用地下连续墙 A 的影响如图 3-38 所示。

在 T_4 基坑开挖结束后,共用地下连续墙 B 向 T_4 基坑方向发生内凸形位移。T_3 基坑开挖结束后,共用地下连续墙 B 向 T_4 基坑侧的变形有一定程度的恢复,其中墙顶位移基本无变化,墙腹与墙底位移受影响较大。T_2 基坑开挖对共用地下连续墙 B 的水平位移基本无影响,墙体位移变化最大处的位移仅减小了 0.13mm。T_3 基坑开挖对共用地下连续墙 B 最大位移以及墙脚位移影响如表 3-15 所示。

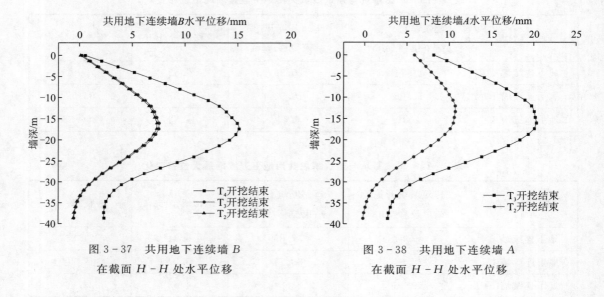

图 3-37 共用地下连续墙 B 在截面 $H-H$ 处水平位移

图 3-38 共用地下连续墙 A 在截面 $H-H$ 处水平位移

表 3-15 共用地下连续墙 B 最大位移及墙脚位移变化

位移	T_4 开挖结束位移/mm	T_3 开挖结束位移/mm	位移增量/mm	增长率/%
最大位移	15.14	7.55	7.59	−50.13
墙脚位移	2.34	0.56	1.78	−77.06

由表中数据可知,T_3 基坑开挖导致共用地下连续墙 B 最大位移与墙脚位移均出现了较大幅度的减少,且位移方向未发生改变,有利于对共用地下连续墙 B 的位移控制及保持基坑支护结构稳定。

T_2 基坑开挖对共用地下连续墙 A 的影响与 T_3 基坑开挖对共用地下连续墙 B 的影响相似,共用地下连续墙 A 向 T_3 基坑侧的位移有一定程度的恢复,墙顶、墙腹以及墙脚位移均受到了影响,整体位移形态及位移方向均未发生改变。T_2 基坑开挖对共用地下连续墙 A 墙顶位移、最大位移、墙脚位移的影响如表 3-16 所示。

表 3-16 共用地下连续墙 B 墙顶位移、最大位移及墙脚位移变化

位移	T_3 开挖结束位移/mm	T_2 开挖结束位移/mm	位移增量/mm	增长率/%
墙顶位移	8.16	5.18	−2.98	−36.52
最大位移	20.32	10.72	−9.60	−47.24
墙脚位移	2.73	0.18	−2.55	−93.41

由共用地下连续墙 B 各位置的水平位移变化可知,T_2 基坑开挖虽然对共用地下连续墙

B 造成了影响，但墙身位移形态与位移方向均未发生改变，且墙顶位移、墙腹位移以及墙脚位移均有较大幅度的减小，有利于对共用地下连续墙 B 的位移控制。

对比基坑群各开挖方案中基坑间的相互影响，从车站与建筑基坑开挖顺序的角度来看，无论是先开挖车站基坑还是先开挖建筑基坑，后开挖基坑均会导致车站基坑外围地下连续墙位移向车站基坑坑内方向增长。但若先开挖车站基坑，则在后开挖建筑基坑时车站基坑与建筑基坑共用地下连续墙会发生位移反向，从而对结构产生不利影响。而先开挖建筑基坑则不会改变共用地下连续墙的位移方向与位移形态，但会导致位移数值有一定程度的增长。因此，从对车站基坑与建筑基坑共用地下连续墙的保护角度考虑，应优先选择方案二、方案四和方案五（先开挖建筑基坑），或选择方案一（建筑基坑与车站基坑同步开挖）。

从建筑基坑之间的开挖顺序来看，无论是由 T_2 向 T_4 依次开挖的方案四，还是由 T_4 向 T_2 依次开挖的方案五，共用地下连续墙均会向先开挖基坑一侧位移，而后开挖基坑会导致共用地下连续墙的位移出现一定程度的减小，但不会改变其原位移方向与位移形态，这有利于对共用地下连续墙的位移控制。其中，方案五中的基坑后开挖措施对共用地下连续墙变形的恢复效果更好，可优先选择。

3.8 基坑群施工对周边地表沉降的影响规律

根据数值模拟结果与文献研究结论，基坑开挖引起的周边地表沉降最大值出现在距离外围地下连续墙约 $0.5H$ 附近，故提取不同开挖方案下基坑群东、西两侧距离外围地下连续墙 $0.5H_e$ 处的地表沉降数据进行对比分析（Hsieh and Ou，1998）。基坑群东侧沉降与西侧沉降规律分别如图 3-39、图 3-40 所示。

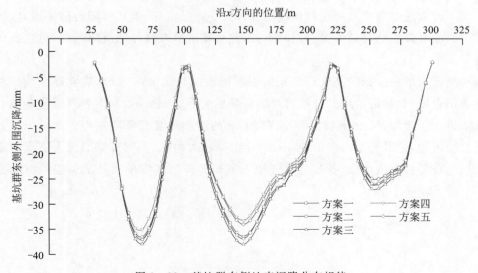

图 3-39 基坑群东侧地表沉降分布规律

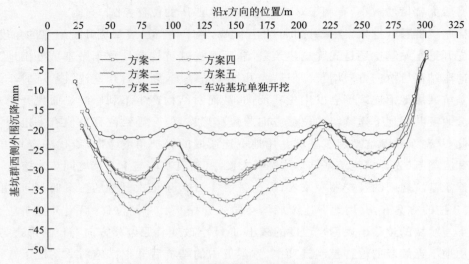

图3-40 基坑群西侧地表沉降分布规律

由于建筑基坑的长宽比较小,因此地下连续墙变形的空间效应明显,从而导致单个基坑的外围沉降呈"两头小,中间大"的勺形沉降,沉降极值出现在对应基坑外墙中部附近。由于基坑群东侧3个建筑深基坑受到中间共用地下连续墙影响,x方向地下连续墙刚度明显大于内支撑刚度,东侧地表沉降模式表现为3段勺型沉降相连接的混合型沉降,分界点在建筑基坑之间的共用地下连续墙处,每段勺型沉降均存在一个沉降极大值点,不同方案的极大值点位移基本相同。从建筑基坑间的沉降差异来看,T_4基坑外围沉降较小,T_2、T_3基坑外围沉降接近,这也与建筑基坑外围地下连续墙的变形差异相符合。

从不同方案的开挖顺序对基坑的影响来看,5种开挖方案引起的东侧土体沉降模式相同。虽然5种方案都会导致基坑群东侧出现较大的差异沉降,但从沉降数值来说,方案四和方案五引起的沉降相比其他方案引起的小,因此从基坑群东侧外围沉降考虑,可选方案四或方案五。

由车站基坑单独开挖与基坑群开挖所引起的西侧外围沉降可知,基坑群开挖会对周边环境造成耦合影响,临近基坑的开挖会对既有基坑变形造成影响,从而导致既有基坑引起的地表沉降进一步增加。5种基坑群开挖方案引起的西侧地表沉降模式均为3段勺型沉降组合的混合型沉降,每段勺型沉降中均存在一个沉降极大值点,不同方案的极大值点出现位置基本相同。在各极大值点处,各基坑群开挖方案相比车站基坑单独开挖引起的沉降变化如表3-17所示。

表 3-17 极大值点处基坑群开挖引起的沉降变化

极值点	车站单独开挖沉降/mm	方案一		方案二		方案三		方案四		方案五	
		沉降/mm	增长率/%	沉降/mm	增长率/%	沉降/mm	增长率/%	沉降/mm	增长率/%	沉降/mm	增长率/%
极值点1	−22.11	−37.16	68.07	−32.85	48.57	−40.74	84.26	−31.88	44.19	−32.56	47.26
极值点2	−21.34	−38.12	78.63	−33.41	56.56	−41.68	95.31	−32.68	53.14	−32.80	53.70
极值点3	−21.38	−29.57	38.31	−26.31	23.06	−33.12	54.91	−26.24	22.73	−26.11	22.12

由图 3-40 和表 3-17 可知，5 种基坑群开挖方案均会造成西侧地表沉降有较大幅度的增加，且会加剧外围土体的差异沉降，但不同开挖方案造成的差异沉降程度以及沉降量均不相同，方案三所引起的沉降量最大，对周边环境影响最大，而方案二、方案四以及方案五所引起的地表沉降较为相似，均较小，可优先选择这 3 个方案。

由基坑群不同开挖方案下东、西两侧外围沉降规律可知，5 种开挖方案均会对周边环境产生耦合影响，导致周边土体出现差异沉降，但按照方案四与方案五的开挖顺序施工，基坑群开挖造成的周边沉降较小，可优先选择这两个方案。

3.9 本章小结

笔者研究了超长车站基坑分区开挖顺序对支护结构变形的影响规律，优选出了超长基坑分区开挖顺序。再根据前文中共用地下连续墙深基坑开挖顺序的研究结论，结合工程实际，整理出 5 种基坑群开挖方案，并从基坑群外围地下连续墙变形、基坑群共用地下连续墙变形、基坑群开挖中的相互扰动以及对周边环境的耦合影响 4 个角度对各开挖方案进行了评价，主要得出以下结论。

(1) 从基坑群外围地下连续墙变形控制的角度考虑，应选择先按刚度系数由小到大的顺序 ($T_2 \rightarrow T_3 \rightarrow T_4$) 开挖建筑基坑，后开挖车站基坑的方案(方案四)。在 T_2、T_3、T_4 建筑基坑之间的开挖顺序选择上，依次开挖方案对 x 方向上的外围地下连续墙位移的控制效果优于建筑基坑同步开挖方案或阶梯式开挖方案。在建筑基坑与车站基坑的开挖顺序选择上，先开挖建筑基坑方案对 y 方向上的外围地下连续墙位移的控制效果优于同步开挖方案或先开挖车站基坑方案。因此，从外围地下连续墙变形和周围环境控制方面考虑，在施工时应先按内支撑刚度系数由小到大的顺序开挖较浅的 T_2、T_3、T_4 建筑基坑，后开挖内支撑刚度系数较大且基坑深度较深的车站基坑。

(2) 从基坑群共用地下连续墙变形控制的角度考虑，应选择先开挖车站基坑，后对 T_2、T_3、T_4 建筑基坑同步开挖的方案(方案三)。在建筑基坑与车站基坑的开挖顺序上，无论是先开挖车站基坑还是先开挖建筑基坑，开挖结束后共用地下连续墙均会向建筑基坑方向位移，而采用先开挖车站基坑、后开挖建筑基坑方案时共用地下连续墙的位移最小。在对 T_2、

T_3、T_4 建筑基坑采用不同开挖方案时,共用地下连续墙会向先开挖的一侧基坑位移,同步开挖方案中的共用地下连续墙的位移最小。因此,从共用地下连续墙变形控制方面考虑,在施工中应选择先开挖内支撑刚度系数较大的车站基坑,后对 T_2、T_3、T_4 基坑同步开挖的方案。

(3)从后开挖基坑对既有基坑地下连续墙变形的影响角度考虑,应选择先按刚度系数由大到小顺序($T_4 \rightarrow T_3 \rightarrow T_2$)开挖建筑基坑,再开挖车站基坑的方案(方案五)。在对 T_2、T_3、T_4 建筑基坑采用不同开挖方案时,共用地下连续墙会向先开挖基坑坑内方向位移,后开挖基坑会使共用地下连续墙的位移得到一定程度的恢复,而由 T_4 向 T_2 开挖顺序中共用地下连续墙位移的减小幅度更大。从车站基坑与建筑基坑的开挖顺序角度考虑可知,先开挖车站基坑会导致共用地下连续墙先向车站基坑坑内位移,建筑基坑开挖后,共用地下连续墙发生位移反向,对支护体系稳定性不利,因此应先开挖建筑基坑、后开挖车站基坑。可见,从先后开挖影响程度上考虑,在施工时应选择先按刚度系数由大到小的顺序依次开挖 T_4、T_3、T_2 建筑基坑,再开挖车站基坑。

(4)从基坑群对周边环境的影响角度来看,5 种开挖方案均会对周边环境产生耦合影响,导致周边土体出现差异沉降,但方案四与方案五先开挖建筑基坑、后开挖车站基坑造成的周边沉降最小。因此,若优先考虑周边建筑物的保护问题,则可选择方案四或方案五进行基坑群开挖。

4 滨海区软土地层基坑开挖时间效应

现有基坑工程规范及工程实践都按照混凝土弹性模量的设计值来计算围护结构变形和内支撑轴力,未能考虑混凝土内支撑早期刚度的影响。实际工程中人们通常认为只要钢筋混凝土结构强度达标便可进行下一步施工。受工期和施工工序的影响,往往在混凝土内支撑弹性模量并未达到规范值时便开始下一步施工,导致基坑实际变形远大于设计计算值。同时,混凝土内支撑早期刚度低,弹性模量难以准确得出,导致轴力实测值也不准确。因此,关于内支撑早期刚度变化对基坑稳定性的影响值得深入研究。

此外,随着时间的推移软土会发生蠕变,软土的应力应变关系并不是简单的代数关系,而是包括时间因素在内的积分方程式的复杂关系(李硕等,2017;李春和谭维佳,2022)。刘涛等(2006)结合上海市某地铁车站基坑,对比分析了支撑暴露时间对基坑变形的影响,发现随着暴露时间的延长,基坑变形逐渐增大。刘国彬等(2007)结合上海市某地铁车站基坑开挖时的变形监测数据及跟踪工况,对不同坑底土体暴露时间所对应的围护结构体变形情况进行了分析,发现随着坑底土体暴露时间的延长,坑底施工阶段的墙体变形最终可达总变形的30%。郭海柱等(2009)通过对室内三轴流变试验数据的拟合而得出模型中的参数,并模拟了一个深基坑工程的施工过程,分析了支护时间对围护结构的变形和内力的影响。

基坑本身是一个三维空间体,而软土自身又具有显著的流变性,这使得基坑支护结构的内力和变形具有显著的时间效应,随着开挖的进行,作用在基坑围护结构上的土压力将随着时间不断变化。如果不能合理地设计施工参数,变形将很难控制在安全等级所允许的范围内。

综上所述,滨海区淤泥地层基坑开挖时,基坑内支撑早期刚度的不确定性和基坑周围软土的蠕变均对基坑稳定性有着较大的影响。笔者针对上述问题研究了混凝土内支撑早期刚度和软土蠕变对基坑开挖的影响规律。

4.1 混凝土内支撑早期刚度影响规律

徐昭辰等(2021)为研究宁句城际轨道交通句容站基坑工程混凝土支撑轴力监测值异常报警现象,通过理论分析与现场实测相结合的方法,提出了基坑混凝土支撑轴力监测值修正方法,由修正公式算得的支撑轴力修正值为原始监测值的55%~64%,轴力修正值更能反映混凝土真实的受力状态。

肖振烨等(2018)考虑非荷载因素对钢筋混凝土支撑应变的影响,参照CE90模型对应变进行修正,并给出了相应的计算理论和方法,指出非荷载因素对轴力监测有很大的影响,现场钢筋混凝土支撑轴力监测应考虑对非荷载因素进行修正。

陈进河等(2020)利用光纤传感技术,在混凝土支撑纵向主筋肋槽上胶粘封装光纤光栅传感器(fiber grating sensor,FBG),通过监测钢筋应变推算支撑梁的内力,在现有计算公式的基础上,提出考虑混凝土收缩、徐变、应力应变关系非线性影响的轴力修正公式,并基于实际工程验证了其有效性,结果显示FBG与钢筋计轴力曲线变化趋势一致,而由于FBG考虑了温度补偿,监测值比钢筋计更加稳定。

曹雪山等(2022)以南京地铁某车站基坑工程为例,建立三维有限元模型,研究了钢支撑轴力变化规律。他结合基坑开挖过程监测数据,提出了钢支撑轴力与围护墙体位移双元组合的方法,揭示了深基坑开挖过程中围护墙位移和支撑轴力变化的相关性规律,研究了单道、双道预加轴力对钢支撑轴力、墙体位移和弯矩的影响,提出了采用预加轴力技术控制变形的基本要求。

刘畅等(2016)基于某停工基坑16个月连续监测结果研究了季节性温度变化对环梁支撑受力、围护结构位移及基坑周边环境的影响规律,并指出混凝土内支撑轴力监测值随大气温度变化而变化,当气温从11℃下降到-2℃时,轴力下降数值将超过12 000kN。

现有基坑工程规范及工程实践都按照混凝土弹性模量的设计值来计算围护结构变形和内支撑轴力,未能考虑混凝土内支撑早期刚度的影响。实际工程中人们通常认为只要钢筋混凝土结构强度达标便可进行下一步施工。由于受工期和施工工序的影响,往往在混凝土内支撑弹性模量并未达到规范值时便开始下一步施工,导致基坑实际变形远大于设计计算值。同时混凝土内支撑早期刚度低,弹性模量难以准确得出,导致轴力实测值也不准确。

笔者依托珠江三角洲水资源配置工程中的广州市南沙区高新沙泵站主泵房及副厂房的深基坑工程开展研究。高新沙泵站基坑尺寸为92m×48.5m,基坑地下连续墙墙顶标高为2.0m,地下连续墙深度为32.5m。冠梁及第1道混凝土支撑顶标高为1.5m,第2道支撑标高为-4.1m,第3道支撑标高为-8.1m,第4道支撑标高为-11.6m,第5道支撑标高为-15.1m,第6道支撑标高-18.5m。坑底标高为-19.3m,基坑深度为21.3m,采用厚1m地下连续墙与6道钢筋混凝土内支撑+立柱的支护体系,其中第1和第2道支撑尺寸为1000mm×1200mm,第3和第6道支撑尺寸为1200mm×1200mm,第4和第5道支撑尺寸为1200mm×1400mm。泵房基坑开挖深度大于20m,为深基坑,地下水埋深约1.0m,基坑所在地层主要为淤泥和淤泥质黏土,其较弱的力学性质给工程带来了巨大挑战。

4.1.1 数值建模

采用数值分析软件Midas GTS NX建立实际工程的三维数值模型,模型尺寸为300m×230m×80m(长×宽×高)(图4-1)。顶部设置为自由边界,四周约束法向位移,底部设置为固定边界。土体采用Mohr-Coulomb模型。为便于建模分析,将地层划分为7个均匀厚度的土层,各土层厚度由上至下分别为 4.1m、3.5m、9m、3.9m、5.5m、3m、51m。由于现场施工前已经对基坑进行降水处理,且在施工时采用回灌的方式保持水压稳定,故模拟时不考虑地下水的影响。主要地层物理参数如表 4-1 所示。

(a)三维地基模型图

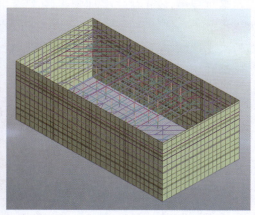
(b)结构模型图

图 4-1 数值模型

表 4-1 地层物理力学参数

材料	泊松比 μ	密度 ρ/(kg·m^{-3})	弹性模量 E/MPa	黏聚力 c/kPa	摩擦角 φ/(°)
淤泥	0.33	1820	7.20	4	6
含淤泥质粉细砂、细砂	0.36	1850	17.84	8	18
淤泥、淤泥质黏土	0.34	1760	6.80	6	7
泥质粉细砂、中细砂	0.22	1900	29.02	5	23
含有机质粉质黏土	0.25	1780	6.70	11	12
强风化粗砂岩	0.28	2100	40.00	50	26
弱风化泥质沙砾岩	0.23	2300	80.00	300	30

基坑周围土体及围护结构采用三维实体单元,内支撑和立柱采用线性梁单元,地下连续墙采用板单元。内支撑、地下连续墙和立柱的尺寸与实际尺寸相同,地下连续墙和内支撑采用 C30 混凝土,立柱采用 Q235 钢,模拟时采用线弹性模型,围护结构物理力学参数见表 4-2。

表 4-2 支护结构参数

名称	重度 γ/(kN·m^{-3})	弹性模量 E/GPa	泊松比 μ
地下连续墙	25	30.0	0.2
钢立柱	78.9	200.0	0.27
内支撑	25	30.0	0.2

4.1.2 数值建模及验证

实际工程中,鉴于施工工期紧张,需要对内支撑施工顺序进行优化,由原方案的整体施作内支撑改为分区施作内支撑。优化后的方案如图4-2所示。每一层施工1区开挖完后随即转入支撑施工,同时开挖施工2区,当开挖施工3区时,施工1区内支撑浇筑完成,在施工2区绑扎钢筋。开挖施工4区时,施工2区内支撑浇筑完成。如此往复开挖至坑底。

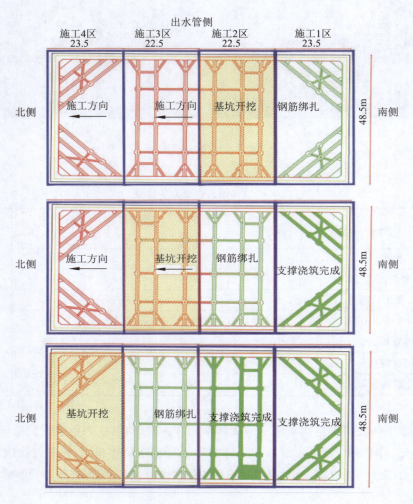

图4-2 开挖方案示意图

在上述方案的基础上,根据内支撑混凝土弹性模量随时间的变化规律曲线,确定内支撑刚度在混凝土龄期全过程的变化规律,从而模拟内支撑早期刚度对基坑开挖的影响规律。

依据朱伯芳院士提出的弹性模量公式,绘出图4-3所示C30混凝土的弹性模量随龄期变化曲线,根据内支撑所用的混凝土弹性模量随时间的变化函数及内支撑截面几何尺寸确定相应龄期的内支撑刚度函数。根据现场开挖施工进度计划表,现场对第1、第2道支撑施工并采用整体施作方式进行土层开挖,之后改用上述开挖方案,每道施工工序时间均为2~4d。根据刚度函数确定不同时期内支撑早期刚度值,模拟得出开挖到坑底时南侧地下连续墙水平位移数据最大的结论。同时,将该水平位移与现场实测地下连续墙(南侧)的水平位移进行对比分析(图4-4)。由图4-4可知,数值模拟结果和现场监测得到的地下连续墙水平位移变化规律相同,且与最大位移接近,误差为1.7%,此结论验证了数值模拟方法的合理性与准确性。

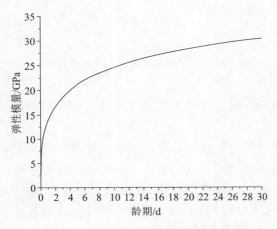

图4-3 C30混凝土弹性模量曲线

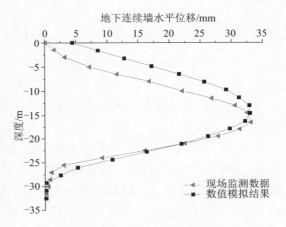

图4-4 地下连续墙水平位移验证

4.1.3 钢筋混凝土支撑早期刚度影响规律

首先,不考虑工期的影响,假设下一层开挖前混凝土弹性模量均达到设计值(C30混凝土弹性模量取30GPa),通过比较方案二与方案三的数值模拟结果,分析内支撑施作工序的差异对基坑的影响规律。然后,在方案三的基础上考虑各个工序的施工周期,研究各个工序的施工周期引起的内支撑早期刚度变化对基坑变形和内支撑受力特性的影响规律。

图4-5显示了方案二与方案三南侧地下连续墙水平位移变化规律。采用方案三施工时(内支撑分区支护方式),地下连续墙的最大水平位移为25.14mm,与方案二相比最大水平位移减小了8.6%。图4-6显示了方案二与方案三基坑南侧地表沉降分布规律,方案三地表沉降最大值为4.26mm,相较于方案二的5.19mm减小了17.9%。

由分析结果可知,在不考虑内支撑刚度变化的情况下,采用方案三分层分区开挖,并及时采用分区支护的方式,对基坑的变形控制效果更好。

然而,淤泥地层深基坑的内支撑较为密集,现场施工工期紧张,施工人员往往为了赶工程进度而在钢筋混凝土内支撑早期刚度较低时提前进行下一步开挖作业,这将导致围护结构变形和地表沉降与设计结果产生很大的偏差。现将模拟每道施工工序时间为2d和4d(对

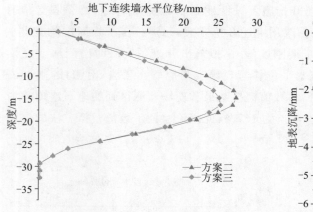
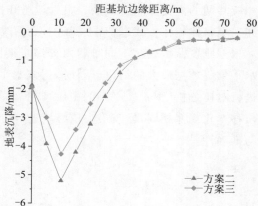

图 4-5　方案二和方案三地下连续墙水平位移　　　图 4-6　方案二和方案三地表沉降规律

应 C30 混凝土弹性模量为 16.8GPa 和 20.0GPa)时,内支撑早期刚度变化对基坑开挖的影响规律。

图 4-7 显示了考虑内支撑早期刚度影响下的地下连续墙水平位移变化规律。当每道施工工序时间为 4d 时,地下连续墙的最大水平位移为 28.91mm,比不考虑早期刚度影响的情况时增加了 15.0%;当每道施工工序时间为 2d 时,地下连续墙的最大水平位移为 32.56mm,比不考虑早期刚度影响的情况增加了 29.5%。图 4-8 显示了考虑早期刚度影响下的地表沉降分布规律。当每道施工工序时间为 4d 时,地表沉降最大值为 5.85mm,比不考虑早期刚度影响的情况时增加了 37.3%;当每道施工工序时间为 2d 时,地表沉降最大值为 8.05mm,比不考虑早期刚度影响的情况时增加了 89.0%。

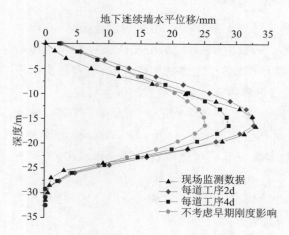
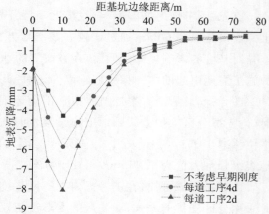

图 4-7　早期刚度对地下连续墙水平位移变化规律　　　图 4-8　早期刚度对地表沉降分布规律

从模拟结果中可以看出,在不考虑混凝土内支撑早期刚度影响的情况下,数值模拟的结果小于现场实测结果;实际施工中,大多数情况下并未等到施作的内支撑刚度达到设计值时再进行下一步施工,当每道施工工序时间越短时,内支撑早期刚度会越小,地下连续墙水平位移和地表沉降均会增大。

图4-9显示了考虑早期刚度影响下开挖全过程各道内支撑轴力值变化规律。可以看出,内支撑轴力总体上是随着开挖深度的增大而增大,第1道支撑轴力在开挖至坑底时略有减小。与不考虑早期刚度影响相比,考虑早期刚度影响时第1道内支撑轴力会增大,这是因为在基坑开挖过程中,后期设置的下部内支撑早期刚度并未达到设计值,其承担的实际轴力值小于理论意义上的计算值。考虑早期刚度影响时第4道和第5道内支撑轴力会减小,早期刚度越小,其内支撑轴力也越小。这主要是因为基坑开挖施工至底部时,第4道、第5道支撑早期刚度低,抵抗变形能力弱,而上部内支撑刚度随龄期逐渐增大,抵抗水平荷载作用增强。第2道和第3道内支撑处于中间位置,其轴力受早期刚度的影响程度也介于上述内支撑的中间,具有过渡性质。

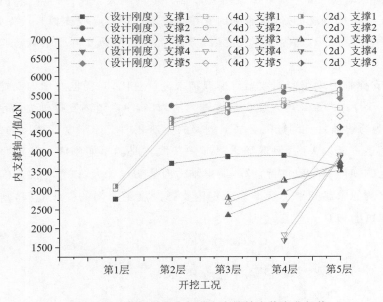

图4-9 早期刚度对各道内支撑轴力值变化规律

从上述研究结果可以发现,内支撑早期刚度对轴力的影响规律与早期刚度对地下连续墙水平位移的影响规律具有一致性。

4.1.4 讨论

通过数值模拟分析软土地层深基坑工程不同开挖顺序对基坑稳定性的影响,为现场施工确定合理开挖顺序提供了依据,保证了软土地区基坑开挖的工程安全及施工效率。从本工程模拟结果来看，开挖顺序对基坑围护结构变形和周围地表沉降的最终影响相差不大，但在开挖过程中，不同开挖顺序的影响程度存在差异。在确定开挖顺序时除了要考虑基坑的变形和受力状态，还需考虑现场实际情况。在本工程实施过程中，对称开挖相比于非对称开挖，其基坑暴露面大一倍。实际工程中有两个坡面暴露，在淤泥质土层地质条件下实施基坑开挖，施工风险大。且由于基坑中间部位支撑密集，现场开挖设备作业受到限制，对称开挖时上一层内支撑施工会制约下一层开挖，导致施工过程中极易碰撞支撑梁。而基坑两端（斜撑与对撑之间）有较大的开口，非对称开挖能够形成开挖和内支撑施工连续流水作业。在整体施工工期内，非对称开挖可以节约的工期超过 80d。综合来看，非对称开挖优于对称开挖。通过数值模拟对内支撑施作工序进行优化，结果表明内支撑分区施作支护对基坑的变形控制更为有利，为现场施工方案优化提供了依据，保证了工程安全。

通过对内支撑早期刚度的影响规律进行分析可以发现，早期刚度越小，地下连续墙水平位移越大，导致地下连续墙的内力增大，因而内支撑轴力会越小。而第 1 道支撑由于施作得最早，基坑开挖深度很浅，此时地下连续墙并未发生较大变形，因此受后续基坑开挖的影响最大，后续地下连续墙变形越大，第 1 道内支撑轴力增量越大。在开挖施工过程中，应高度重视龄期对内支撑早期刚度的影响，否则内支撑早期刚度影响与内支撑长度误差影响（地下连续墙向内的弯曲变形导致的内支撑长度误差）叠加，将会导致实际受力状态与原设计严重不符，甚至引起工程事故。

此外，将内支撑轴力现场监测数据与模拟结果进行对比，同样也发现内支撑早期刚度的显著影响（图 4-10）。以第 2 道内支撑最大轴力值为例，第 2 道内支撑轴力的承载力设计值为 10 780kN。现场的轴力监测数据是根据测得的应变和内支撑刚度计算出来的，混凝土的弹性模量在早期是不断增大的，而现场难以准确获取实时的早期刚度。若按照混凝土结构设计规范中给定的弹性模量值进行计算，所得轴力值会明显偏大，以至于出现实测轴力值大于承载力设计值的假象。如果不能准确确定内支撑刚度随时间的变化规律，则内支撑轴力现场监测数据很可能失真。

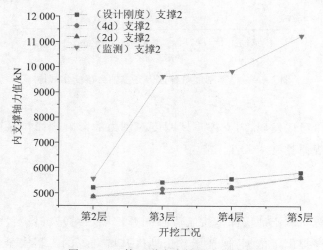

图 4-10 第 2 道内支撑最大轴力值

4.2 软土蠕变时间效应

在对实际工程问题进行分析时,刘波(2018)通过对临近地层变形的信息化监测,研究了上海陆家嘴地区超深大基坑在顺作法和逆作法同步交叉实施条件下临近地层的时空位移特征,探讨了其变形机理和影响因素。他提出了两个结论。首先,地表沉降主要受软弱土开挖和承压井降水影响,凹槽分布,纵向地表沉降空间效应明显,受顺作法和逆作法同步交叉实施影响,差异沉降突出;其次,坑外地层侧移角部效应明显,形成水平方向的土拱作用,并与系统刚度和土体硬度成正比。应宏伟等(2019)在三维梁系有限元的基础上,为实现逆作法施工条件下竖向和水平向结构的施工模拟分析需要,增加竖向与水平向内力及变形协同计算,增加时空效应计算,并采用与变形有关的坑外土压力。以杭州某逆作法深大基坑工程为例,该工程通过连续介质平面有限元法和弹性地基梁杆系有限元分析与反分析得到了考虑盆边留土、坑底工程桩与受软土蠕变影响的杭州黏土等效 m 值拟合公式,提出了逆作法基坑支护结构三维弹性地基梁分析方法。深厚软黏土逆作法基坑工程中的土体蠕变对基坑影响显著。

在数值模拟分析技术上,查甫生等(2013)以坑底无桩和坑底群桩两种基坑为研究对象,通过有限元软件 abaqus,对比分析了开挖结束时墙后地表位移,坑底土体隆起,围护结构变形、弯矩以及侧向土压力的变化,分别得出了深开挖卸载条件下基坑的变形性状和围护结构的应力特征。同时,还考虑了坑底单桩的模型,分析了不同开挖步骤中桩土相对位移、桩身轴力和侧摩阻力的变化,得出了深开挖卸载条件下桩基的受力特性。杨振伟等(2015)基于三维颗粒流程序(porticle flow code 3D,PFC3D),采用由开尔文(Kelvin)模型和麦克斯韦尔(Maxwell)模型串联组成的伯格斯(Burgers)模型,通过控制变量法,分析了 Burgers 模型中弹性系数、黏性系数和摩擦因数对瞬时强度特性和流变特性的影响,分析确定了影响数值试样瞬时强度特性的因素。在此基础上,进一步模拟了红页岩分级增量蠕变试验,通过与室内蠕变试验结果对比,验证了 PFC3D 中的 Burgers 模型用于岩石蠕变试验模拟的可行性,并将该方法用于分级增量循环加卸载蠕变试验和三轴蠕变试验数值研究。在上海西站 15 号线地铁车站基坑下穿沪宁城际铁路的工程实施中,工作人员采用全覆盖的逆作法施工,该方法对铁路路基和基坑围护结构的变形控制要求很高。该工程施工作业环境复杂,逆作法条件下的土方运输距离长、出土困难,施工效率较低。软土地区基坑施工的环境变形具有显著的时间效应,提高开挖施工效率可以减小土体蠕变引起的基坑变形,并降低施工风险。李明广等(2012)结合上海西站 15 号线地铁车站基坑工程,基于软土蠕变模型数值分析方法,研究了土方开挖运输效率以及上部车载作用对运营高铁和基坑围护结构变形的影响。结果表明,在采用高效运输设备提高施工效率 30% 后,基坑围护结构最大水平变形可以减少 15%,顶板最大沉降可以减少 20%。

在室内试验和数值分析的基础上,邓凌青(2023)以杭州地铁 1 号线彭埠站以北地块基坑为例,通过常规三轴试验仪、标准固结仪和微型十字板剪切仪等进行了室内土工试验,获得了不同深度下基坑软土硬化模型的参数以及软土的触变比,并与其他地区软土的 HS 模型参数进行了对比分析。刘景锦等(2017)考虑了深基坑分层开挖与降水过程,进行了加卸荷快速固结试验、三轴固结排水剪切试验和三轴加卸荷循环荷载试验,分析不同围压条件下不同土体的变形及刚度特性,并根据试验结果,利用 Plaxis 软件中的 Mohr-Coulomb 模型、土体硬化模型、小应变硬化模型进行对比分析,得出了以下结论:①粉质黏土试样的试验关系曲线呈硬化型,粉土试样的试验关系曲线呈应力软化型;②加载模量值随加载次数增加而升高,卸载模量值则相反;③MC 模型、HS 模型和 HSS 模型均能在整体上较好地模拟曲线应变硬化发展趋势,但不包括软化行为;④HSS 模型比 HS 模型更加适用于工程实际。降水通常易导致土质边坡的滑动、失稳,但目前学术界关于降雨对基坑特别是软土条件下的基坑影响研究较少。刘畅等(2020)针对天津市基坑展开实测,研究降雨入渗诱发软土基坑变形机理。首先对降雨入渗深度及非饱和黏土物理力学性质开展室内试验,然后在此基础上结合工程实测,采用 Plaxis2D 有限元分析软件建立二维软土基坑模型,分析固结、蠕变对基坑支护结构变形的影响。在开挖结束后基坑内存在超孔隙水压力,此压力在固结过程中逐渐消散,同时坑底土体为淤泥质黏土,蠕变作用较明显。研究结果表明,随着时长的增加,蠕变和固结作用产生的桩顶水平位移增量减小。笔者依托穗莞深城际铁路前海站软土深基坑工程,对基坑开挖过程中软土蠕变效应开展研究。

4.2.1 工程概况及问题分析

4.2.1.1 工程概况

穗莞深城际铁路前海站基坑总长度为 717.5m,标准段宽度为 27.7m,标准段平均开挖深度为 30.5m。基坑采用地下连续墙+6 道钢筋混凝土内支撑支护体系,基坑支护结构如图 4-11 所示。

本工程位于深圳市东南部沿海区域,场地范围内地层自上而下依次为填土、淤泥、淤泥质黏土、粉质黏土、砂质黏性土、全风化花岗岩、中风化花岗岩,车站底板位于花岗岩地层中。

4.2.1.2 问题分析

场地内的淤泥及淤泥质黏土含水率高,土体稳定性低,能提供的被动区抗力较小,开挖后受主动区土压力作用易发生蠕变,开挖过程中应考虑土体蠕变对围护结构产生的影响,尽快完成软土地层开挖工作,开挖后及时支撑。当内支撑材料为钢筋混凝土时,因其早期刚度较低,需要充足养护时间才能达到设计值。而养护时间内土体蠕变会导致围护结构位移增大,进而导致内支撑轴力增大。因此,控制施工间隔时间,在减少土体蠕变的同时提供充足的内支撑养护时间以保证结构稳定,是该基坑开挖工程中的重难点问题。

图 4-11 基坑支护结构简图

4.2.2 软土蠕变分析模型

4.2.2.1 软土蠕变模型

Burgers-Mohr 模型由 Burgers 模型与 Mohr-Coulomb 模型串联组合而成,兼具两种本构模型的变形特点,其元件模型如图 4-12 所示。其中黏弹性模型对应于 Burgers 模型,塑性本构关系对应于 Mohr-Coulomb 模型。模型的本构方程表示为

$$\varepsilon = \frac{\sigma}{E_M} + \left[\frac{\sigma}{\eta_M}\right] t + \frac{\sigma}{E_K}\left[1 - e^{-\frac{E_K}{\eta_K}t}\right] + \varepsilon_P \quad (4-1)$$

式中:E_M 表示麦克斯韦尔弹性模量;E_K 表示开尔文模型弹性模量;η_M 表示麦克斯韦尔模型黏滞系数;η_K 表示开尔文模型黏滞系数。

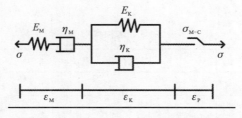

图 4-12 Burgers-Mohr 模型示意图

Burgers-Mohr 模型参数相较于原 Burgers 模型增加了土体的黏聚力和内摩擦角,能更全面地反映软土变形中的塑性变形部分,适用于模拟基坑开挖中的土体蠕变过程。

4.2.2.2 计算参数与模型

1. 土层参数

除淤泥及淤泥质黏土层外,其他土层在短期内蠕变效应不明显,因此计算中只考虑淤泥及淤泥质黏土的蠕变效应,采用 Burgers-Mohr 模型计算,其他土层参数采用 Mohr-Coulomb 模型计算。根据本书研究成果,学者林楠和刘发前(2019),于建(2001)的研究成果,取各土层的物理力学参数,如表 4-3、表 4-4 所示。

表 4-3 Burgers-Mohr 模型参数表

土层	弹性模量 B/MPa	黏聚力 c/kPa	内摩擦角 φ/(°)	重度 γ/(kN·m^{-3})	弹性模量 E_M/MPa	黏滞系数 η_M/(GPa·s)	弹性模量 E_K/MPa	黏滞系数 η_K/(GPa·s)	土层厚度 H/m
淤泥	4.20	9.00	3.00	17.0	0.837	486	0.786	0.768	5
淤泥质黏土	5.21	11.35	10.69	17.7	1.030	689	0.980	0.623	5

表 4-4 Mohr-Coulomb 模型参数表

土层	弹性模量 E/MPa	泊松比 μ	黏聚力 c/kPa	内摩擦角 φ/(°)	重度 γ/(kN·m^{-3})	土层厚度 H/m
填土	5.0	0.34	5.0	25.00	18.0	2
粉质黏土1	13.0	0.32	20	14.37	18.7	8
粉质黏土2	15.6	0.32	28	19.51	19.3	6
砂质黏性土	18.0	0.28	37	26.21	19.8	9
全风化花岗岩	100.0	0.28	42	27.73	20.1	13
中风化花岗岩	600.0	0.22	70	40.50	25.5	12

2. 支护结构参数

本节仅讨论蠕变现象对结构稳定性影响,混凝土内支撑刚度按规范设计值确定。考虑到现场施工及其他因素影响,取混凝土标准试件弹性模量的 80% 作为模拟参数。地下连续墙及内支撑力学参数如表 4-5 所示。

表 4-5 结构参数表

名称	弹性模量 E/GPa	泊松比 μ
地下连续墙	25	0.2
混凝土支撑	25	0.2

3. 数值模型

基坑开挖分 7 个工况进行,前 6 个工况为开挖至相应内支撑处并施作内支撑,工况 7 为开挖至坑底。根据《混凝土结构工程施工规范》(GB 50666—2011)规定,取 28d 作为内支撑的养护时间,即相邻工况间隔 28d。数值模型如图 4-13 所示。

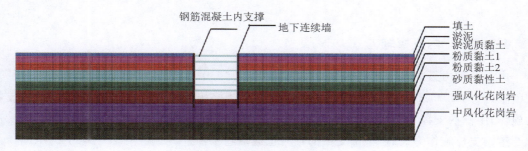

图 4-13 数值模型示意图

4.2.3 软土蠕变影响规律

4.2.3.1 围护结构水平位移

当不考虑内支撑刚度影响,仅考虑软土蠕变影响时,围护结构水平位移分布规律和变化规律如图 4-14 所示。水平位移最大值为 31.3mm,出现在距离墙顶约 22m 处(约 $0.75H_e$)。随着软土蠕变,各工况下的围护结构位移均增大,但围护结构水平位移整体分布规律不变。

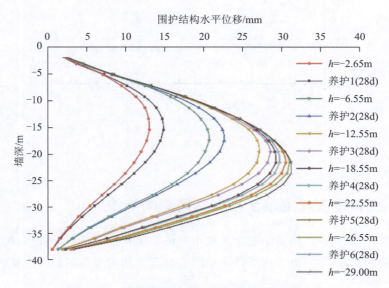

图 4-14 围护结构水平位移分布规律和变化规律

土体蠕变对围护结构的影响主要体现在前3个开挖工况中，受蠕变影响后，围护结构水平位移最大值增幅分别为13.9%、9.3%、5.3%。这是因为前3个开挖工况中，地层主要为淤泥及淤泥质黏土，土体含水率高，基坑内部土体开挖后，外部土体产生向坑内的主动土压力，坑内被动区软土在荷载作用下发生蠕变，产生向坑内方向的变形，从而导致围护结构位移增大。在上层淤泥软土开挖完成后，下部土体的稳定性较好，后续工况养护过程受蠕变影响小。

4.2.3.2 内支撑轴力

内支撑轴力最大值出现在第4道内支撑处，为4610kN，发生在地下连续墙水平位移最大值附近（约$0.75H_e$）（图4-15）。上部内支撑在开挖初期轴力增长较快，随着后续内支撑的施作，中部内支撑承担主要荷载，而上部内支撑轴力先逐渐下降，然后趋于稳定状态。下部2道内支撑施作完成后，中部支撑的轴力也逐渐趋于稳定。

土体蠕变对内支撑的影响在前2道内支撑上反映较为明显。第1道内支撑的轴力值虽然随着后续支撑的施加逐渐减小，但在养护阶段仍出现明显增量，最大增幅为8.3%。其他内支撑轴力在开挖前期也受蠕变影响，但程度较小。

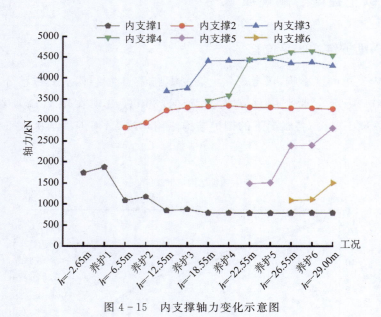

图4-15 内支撑轴力变化示意图

4.2.4 土体蠕变与混凝土刚度共同影响规律

该工程中蠕变对支护结构的影响主要集中在前3道开挖工况中，因此后续主要研究前3道开挖工况下软土蠕变和混凝土内支撑早期刚度对支护结构的共同影响规律。

4.2.4.1 混凝土早期刚度确定

根据林巍等(2011)的研究结论,混凝土的弹性模量与养护时间关系经验公式为:

$$E(\tau) = E_0 \left(1 - e^{-0.40\tau^{0.34}}\right) \quad (4-2)$$

$$E_0 \approx 1.05 E(360) \text{ 或 } E_0 \approx 1.20 E(90) \quad (4-3)$$

式中:$E(360)$、$E(90)$分别表示 360d 和 90d 龄期的弹性模量。

C35 混凝土的弹性模量随时间变化表达式为

$$E(\tau) = 44.3\left(1 - e^{-0.40\tau^{0.34}}\right) \quad (4-4)$$

经过计算,取各养护时间对应混凝土弹性模量,如表 4-6 所示。

表 4-6 C35 混凝土各养护时间对应弹性模量

时间	7d	8d	9d	10d	22d	12d	13d	14d	15d	16d	17d
E/GPa	23.89	24.61	25.25	25.83	26.35	26.84	27.28	27.69	28.07	28.43	28.77
时间	18d	19d	20d	21d	22d	23d	24d	25d	26d	27d	28d
E/GPa	29.08	29.38	29.67	29.93	30.19	30.43	30.67	30.89	31.10	31.30	31.50

4.2.4.2 蠕变及早期刚度对结构的影响

软土蠕变和早期刚度对围护结构水平位移影响规律如图 4-16～图 4-18 所示。图中反映了前 3 个开挖工况中(软土地层)仅考虑土体蠕变影响及仅考虑内支撑早期刚度影响时围护结构最大位移随时间变化的规律。围护结构水平位移随着土体的蠕变而增大,随着混凝土内支撑早期刚度的增大而减小。

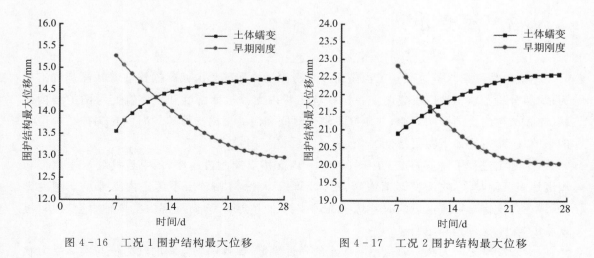

图 4-16 工况 1 围护结构最大位移   图 4-17 工况 2 围护结构最大位移

内支撑早期刚度变化对墙体位移有较大影响。前 3 个工况中,养护 28d 条件下围护结构位移较养护 7d 分别减少了 17.8%、13.8%、12.6%,且随着开挖深度的增加,位移增量逐渐增大。尽管在对下部内支撑施工时,上部内支撑刚度逐渐增加,但此时内支撑的压缩变形已发生,因此内支撑早期刚度对围护结构水平位移的影响具有一定的塑性累积作用。

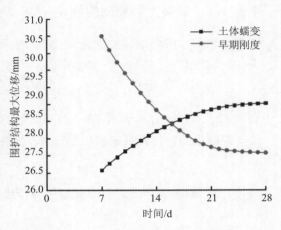

图 4-18 工况 3 围护结构最大位移

由图 4-16～图 4-18 可知,工况 1 与工况 2 中两条曲线的交点位于时间周期 12d 附近,工况 3 中最佳施工时间周期在 16d 附近。这可能是因为前 2 道工况中,开挖深度与围护结构整体深度相比较浅,土体卸载产生的墙背土压力增量导致地下连续墙的挠曲变形较小,传递在内支撑上的荷载较少,对内支撑刚度要求不高,而坑内软土层在墙外主动土压力的作用下产生蠕变,墙体位移增加。在该条件下,软土蠕变造成的影响较大,此时应及时施工,减少坑内土体自由暴露时间,因此最佳施工时间略少于规范要求的 14d。当工况 3 开挖至 -12.55m 时,软土层已开挖完毕,土体蠕变的影响较小,此时开挖深度占总开挖深度的 40%,若养护时间过短,内支撑刚度不够,内支撑会有压缩变形过大甚至失稳的风险。因此,随着开挖深度增加,应优先考虑早期刚度的影响,确保养护时间。

考虑蠕变与混凝土早期刚度共同作用时,每一次开挖均存在一个理想状态下的最优开挖时间点,该点可以兼顾控制蠕变与刚度对结构的影响,但该点位置不固定,而是随两种影响因素的影响程度变动。

4.3 本章小结

笔者以珠三角水资源配置工程高新沙泵房深基坑和穗莞深城际铁路前海站深基坑工程为依托,分析了软土地区密集内支撑深基坑工程内支撑早期刚度和土体蠕变对围护结构位移、支撑结构内力的影响规律,并研究了蠕变时间和混凝土内支撑养护时间对围护结构位移的影响规律,得到如下主要结论。

(1)施工过程中每道施工工序时间越短,内支撑早期刚度越小,地下连续墙水平位移和周围地表沉降越大,实测变形值大于设计计算值。此外,相较于不考虑内支撑早期刚度影响,考虑内支撑早期刚度影响时基坑上部内支撑轴力会增大,而下部内支撑轴力会减小,早期刚度越小,这种趋势越明显。

(2)现场施工时无法实时监测混凝土的弹性模量,导致现场监测的轴力值与实际受力状态不符。若不考虑早期刚度影响将会导致基坑变形和支护结构内力与设计值存在很大的差异,给工程施工带来错误决策,甚至导致重大安全事故。

(3)软土蠕变对围护结构位移的影响主要体现在软土地层的开挖过程中。从前海站基坑工程模拟结果发现,在软土自由暴露28d条件下,前3道工况围护结构水平位移分别增加了13.9%、9.3%、5.3%。

(4)土体蠕变会导致基坑内支撑轴力增大,若内支撑早期刚度不足,则会导致出现内支撑压缩变形过大甚至失稳破坏的风险。随着开挖深度的增大,应优先考虑早期刚度产生的影响,确保养护时间。

(5)内支撑早期刚度增大对控制围护结构位移作用明显。在条件允许时,提供充足的养护时间,能显著减小围护结构位移。综合考虑土体蠕变与早期刚度共同影响时,每个工况均存在一个最佳施工时间周期,为12~16d。

5 基坑可调节内支撑支护体系协调变形规律

随着大规模城市建设的开展,地下连续墙支护体系逐渐成为滨海区淤泥地层深基坑工程的重要支护形式。深基坑地下连续墙支护体系变形规律的研究对滨海区基坑工程设计、施工具有重要的指导意义。现有的研究结果表明,深基坑地下连续墙支护体系的受力和变形特性复杂,具有明显的时空效应。基坑地下连续墙水平位移随开挖深度的增加而增大,基坑尺寸及周围土体性质将影响基坑支护体系的受力和变形特性。基坑降水将引发较大地下连续墙水平位移和周围地表沉降,且体现出明显的时间效应与尺寸效应特征。基坑开挖还会诱发相邻建筑物或临近隧道产生形变。此外,基坑开挖会与周围构筑物产生相互影响,基坑几何参数、土体特性和地下连续墙特性将成为重要的影响因素。上述研究工作对深基坑支护体系的设计具有重要的指导意义,但由于在施工中基坑受多种因素影响,支护体系施工过程中的受力和变形特征与设计情况往往存在较大差异,当基坑施工过程中的监测结果与设计值存在偏差时,进行动态调整成为一项难题。

为了使施工过程中的监测值始终稳定在设计值范围内,施工人员建立了一套以严格控制地下连续墙支护体系的水平位移为目标的钢支撑轴力伺服系统(图5-1),以提高基坑工程的安全性。其核心思路是通过控制安装在钢支撑上的伺服端头对支撑轴力进行实时补偿,实现通过提高内支撑轴力以控制地下连续墙水平位移的目的。

图5-1 钢支撑轴力伺服系统

2007年,钢支撑轴力伺服系统在上海会德丰广场深基坑工程中得到了应用。研究结果表明,钢支撑轴力伺服系统不仅能有效控制地下连续墙水平位移,还能有效控制临近基坑的既有地铁隧道变形(贾坚等,2009)。此后,钢支撑轴力伺服系统开始逐渐广泛应用于对周围环境有严格控制要求的基坑工程中,并通过在上海外滩596地块深基坑工程、浦东南路站深基坑工程、宁波绿地中心深基坑工程中的应用,再次验证了该系统的稳定性和可行性(徐中华等,2019)。目前,钢支撑轴力伺服系统的主要目标是严格控制和抑制基坑水平变形,且主要应用于对周边环境有严格控制要求的深基坑工程。

这些研究工作对基坑水平位移的控制起到了积极作用,尤其是解决了基坑开挖过程中内支撑轴力不足且无法补偿的问题。然而,现实的施工条件下过度追求对挡土墙水平位移的控制效果,将直接引发内支撑轴力激增,这一背景下的激增支撑轴力将为支护体系带来沉重的承载负担。现有的研究工作已经发现,支撑轴力过大将引起墙体内力显著增大(黄彪等,2018),引发挡土墙后土压力集中(陈保国等,2020),甚至可能引发支撑杆件连续破坏(郑刚等,2019),同样会带来不可预测的施工风险。

因此,对地下连续墙支护体系在不同开挖状态下的受力和变形的动态调整方法开展研究,将内支撑轴力和基坑水平位移控制在最优范围内显得尤为重要。鉴于此,笔者提出了贴合实际工程的支护体系动态调节方法,采用验证后的数值分析模型研究该调节方法的可行性,探讨了不同支撑伸缩方案下支护体系变形与受力的协同变化规律。该方法可以指导工程设计和实际施工,提高基坑施工质量,降低风险。

5.1 支护体系协调变形动态调整方法

随着现代工业技术的革新,以预应力钢支撑为灵感制定的钢支撑轴力实时补偿方案逐渐发展和优化,并形成一套较为完善的钢支撑轴力伺服系统(Mana and Clough,1981)。此处的钢支撑轴力伺服系统是一套完整的深基坑支护体系安全控制解决方案,其特点在于低压自动补偿并抑制位移,在无法实现调节目标时可自动报警(王志杰等,2020)。该系统尚未在城市轨道交通建设中大规模推广,可供研究的案例较少(陈金铭等,2020)。

以钢支撑轴力伺服系统为载体的动态调整探索是工程师首次对支护体系动态调节方法的尝试,而且钢支撑轴力伺服系统也是目前为止最新的支护体系动态调节生产系统,但该系统存在显著弊端和应用局限。钢支撑轴力伺服系统的主要目标是控制和抑制基坑水平变形,通过严格控制基坑变形的方式降低施工风险并加强对周围环境的控制(文璐等,2020)。钢支撑轴力伺服系统对基坑水平位移的控制起到了积极作用,然而无法解决施工与设计差异带来的围护结构背后局部水平土压力集中问题(Lee et al.,1998),且在使用后还可能会导致围护结构后方土压力集中。此外,信息化施工过程中还难以动态调整,导致围护结构内力急剧增大,同样会造成很大的施工风险。

基于上述背景,陈保国等(2020)开展了支撑伸缩对支护体系受力特性影响的模型试验

（图 5-2），并绘制了轴力与变形的关系曲线（图 5-3）。由图 5-3 可知，支撑轴力与位移是一对相互制约、相互影响的关系组，加强对地下连续墙水平位移的控制势必引起内支撑轴力的增加。基于此，陈保国等（2020）提出了有别于钢支撑轴力伺服系统的支护体系智能调节方法。他根据其设计思想提出了更贴近实际工程应用的数值调整方案，摒弃和优化了其中一些不适宜工程实践的操作程序，旨在进一步推进智能调整方法在实际工程中的应用。笔者在后续章节中将对"水平位移＋轴力"参数组进行研究，进一步探讨实际工程中协调变形动态调整方法。

支护体系动态调节方法设计目的不在于严格控制基坑变形，而在于通过合理调整支撑伸缩长度使支护体系工作性能处于最佳受力状态，达到围护结构和内支撑体系协调变形目的，同时避免出现支护体系局部应力集中等问题。

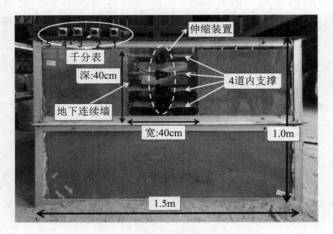

图 5-2 模型试验装置及基坑模型图

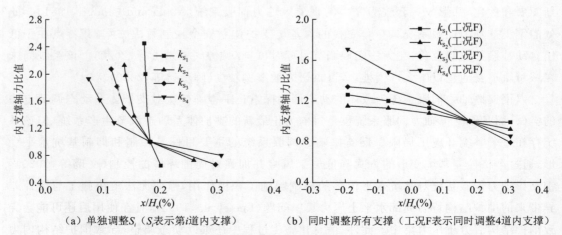

（a）单独调整S_i（S_i表示第i道内支撑）　　（b）同时调整所有支撑（工况F表示同时调整4道内支撑）

图 5-3 轴力与变形相互关系

相关规范规定,不同基坑工程的地下连续墙水平位移、支撑轴力的预警值各自差异较大。鉴于此,笔者给出墙体水平位移预警值为 nS_0 (S_0 是最大允许水平位移设计值),支撑轴力预警值为 mF_0 (F_0 是轴力设计值),其中 n 和 m 取值范围为 $(0,1)$,并将上述数据输入计算机的控制终端。在实际工程中,nS_0 和 mF_0 的设置应充分参考周围建筑物分布和地区规范等因素,并在通过数值试验确定支护系统安全性后,再进行开挖方案和调整方案的制定。在开挖过程中,应对支撑轴力和位移进行监测,将监测结果与预警值进行对比,确定支撑长度是否需要调整。支护体系动态调节方法流程见图 5-4。

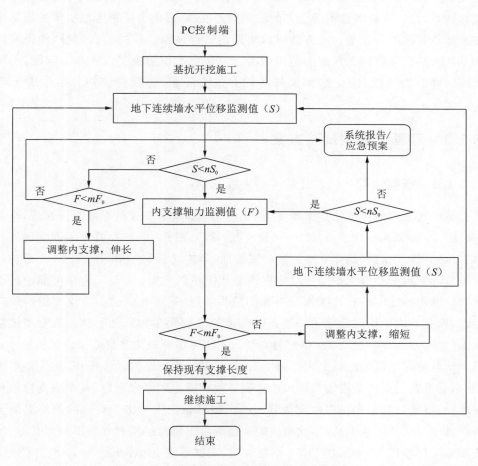

图 5-4 支护体系动态调节方法流程图

该自动调节系统的目标是通过合理调整支撑长度,使深基坑支护系统的轴力和变形处于最佳范围。例如,在墙体变形较大的初期,增加支撑长度以减小墙体变形。当支撑轴力超越预警值时,支撑长度减小。如果支撑系统的应力和变形不在最佳范围内,则系统会发出警报,并根据反馈的数据变更设计方案和/或施工方案。

5.2 支护体系协调变形试验

深基坑地下连续墙支护体系的受力和变形特性复杂,具有明显的时空效应。支护体系施工过程中的受力和变形特征与设计情况往往存在较大差异,导致出现围护结构背后局部水平土压力集中问题和信息化施工过程中难以动态调整的问题。

因此,笔者以深基坑地下连续墙支护体系为对象,设计可伸缩内支撑,采用模型试验研究内支撑体系、地下连续墙和墙后土体的协调变形规律,提出了一种考虑协调变形的地下连续墙支护体系智能调节方法。该方法可以实现内支撑体系位移的动态调整,确保将内支撑轴力和基坑水平位移控制在预定的范围内。这项研究工作解决了以下几个问题:①围护结构变形难以调节的问题;②支护体系局部轴力过大问题;③围护结构背后地表沉降控制问题。

5.2.1 深基坑模型试验方案

5.2.1.1 模型试验

模型试验所选用的模型箱是由厚度为5mm的Q235钢质板材焊接制作而成,呈正方体结构,具体尺寸为2.8m×0.5m×1.0m(长×宽×高)[图5-5(a)],其中一面为选用高刚度小变形有机透明玻璃材料制作安装而成的观测面,具体如图5-5(b)所示。本书室内试验模型尺寸与实际基坑开挖及支护结构尺寸规模的几何相似比为1∶50。为尽可能地减小模型箱内壁和试验用砂之间的相互摩擦所引起的边界效应,笔者在试验前对模型箱内壁进行了特殊处理,即在其内壁均匀涂抹了一层具有润滑效果的化学物质凡士林。该模型试验基坑开挖断面尺寸为40×40(宽×高;单位为cm)。本次模型试验为非离心模型试验。

模型试验依托于深圳地铁上川站基坑工程,深基坑支护结构具体采用"地下连续墙+内支撑"的组合形式。支护结构的具体尺寸依据等效刚度原理综合确定,其中内支撑依据抗压刚度等效,地下连续墙依据抗弯刚度等效。在试验准备工作中由于对应的钢筋混凝土模型结构制作难度大且加工成本高,因此相应的钢筋混凝土模型结构被等效厚钢板代替。其中,地下连续墙采用厚度为4mm的Q235钢材砌筑,支撑系统由水平间距为6cm、直径为12mm的钢管组成,围檩采用截面尺寸为20mm×20mm的Q235方形钢管设置。为了有效控制内支撑系统纵向伸缩长度,合理调节支撑体系的轴力,使地下连续墙水平位移能被实时动态调整,达到内支撑、地下连续墙及墙后土体充分变形协调的目的,模型试验中长度可伸缩装置被设置在支撑压杆中部的位置,以达到控制内支撑长度纵向伸缩的效果,如图5-5(c)所示。设置围檩的主要目的是发挥围檩连接和稳固零散支撑杆件的作用,且围檩还具备使挡土墙荷载均匀地传递至支撑杆件和伸缩装置的功能。利用围檩、支撑杆件、长度伸缩调节装置,通过焊接手段将试验模型中的一道水平支撑制作成一个整体,且不对焊接成型后的内支撑

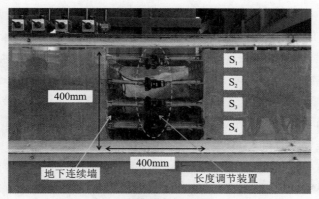
(a)模型试验正视图

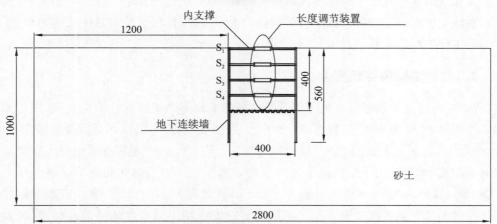
(b)模型箱几何尺寸(单位:mm)

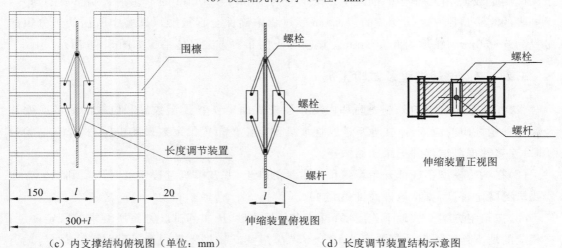

(c)内支撑结构俯视图(单位:mm)　　(d)长度调节装置结构示意图

图 5-5　模型试验示意图

结构设置预应力;支撑体系与地下连续墙之间采用非铰接连接方式,因此只可传递法向方向上的压力;模型试验中基坑支撑体系沿重力方向共设置了4道竖向间距为10cm的水平压杆支撑结构。S_1表示顶部内支撑,S_4表示最底部内支撑,如图5-5(a)所示。

长度调节装置具体结构如图5-5(d)所示。长度调节装置可以通过控制螺杆旋转实现长度增加或减少。初始阶段,长度$l=100mm$。Δl为长度调节装置的长度变化量。为了准确控制长度伸缩装置的长度变化量,笔者进行了旋转角度与Δl的校核试验。试验结果表明,在小角度范围内,当螺杆正向或反向旋转设置角度φ时,$\Delta l=1mm$。基于上述校核结果,模型试验采用控制螺杆旋转角度($\Delta l \cdot \varphi$)的方式实现了该装置的长度调节作用。

考虑到常重力(1g)试验背景下小比例尺模型试验的一般局限性,本次模型试验的主要目的是获得地下连续墙支护结构的协调变形规律,通过动态调整内支撑纵向长度,使支护结构的应力和变形保持在一个合理的区域内。因此,为了避免受复杂工程条件的影响,直观地反映深基坑支护系统在动态调整条件下的应力变形规律,模型试验只考虑几何相似性,而不是对实际工程进行完全相似性试验。

5.2.1.2 试验测点布置

共有10对应变片被布设在地下连续墙内外侧表面和内支撑杆件结构表面,用于监测构件结构应变和内力实时变化数据,其中应变片的型号为BX120-2AA,电阻值区间为$120(\pm 0.1\Omega)$,灵敏系数区间为$2.12(\pm 1.3\%)$。7只LY-350型应变式微型土压力盒被布设在地下连续墙墙后,用于监测地下连续墙墙后水平土压力实时变化数据。该土压力盒厚度为10mm,直径为28mm,最大量程为100kPa,灵敏度为0.01kPa。沿垂直地下连续墙方向共计5只千分表被依次布置在基坑周围地表位置以用于测量土体竖向位移,同时为了便于准确测量数据,在砂土表面铺设了5张尺寸为$20mm \times 20mm$的不锈钢金属材质的薄片,千分表的测头挤压在金属薄片的表面(试验过程中确保全程接触),试验中所用的千分表的量程为$0\sim50mm$,精度为0.001mm。试验测点的布置方案具体情况如图5-6所示。

5.2.1.3 试验过程及试验工况

(1)在地下连续墙内外侧表面和内支撑压杆表面上安置预定数量和位置的测量应变片及温度补偿性质的应变片;在地下连续墙墙后预定位置布置预定数量的土压力盒;在试验开始时,连接数据测试仪并记录初始数据。

(2)在试验模型箱底部开始填筑预定重量的砂土,并在填筑过程中及时压实到试验方案所要求的既定密度,直至填砂高度达到44cm为止。

(3)按预定方案安放地下连续墙;再依次分层填砂,压实到试验方案所要求的既定密度;在相应的地下连续墙墙后位置安放LY-350型应变式微型土压力盒,直至填土顶面与地下连续墙顶部达到同一水平面上为止。

(4)填砂结束后,按试验方案将5只千分表依次布设在压实后的模型箱试验填土顶面,再将5张几何尺寸为$20mm \times 20mm$的不锈钢金属材质薄片依次铺设在千分表的测头位

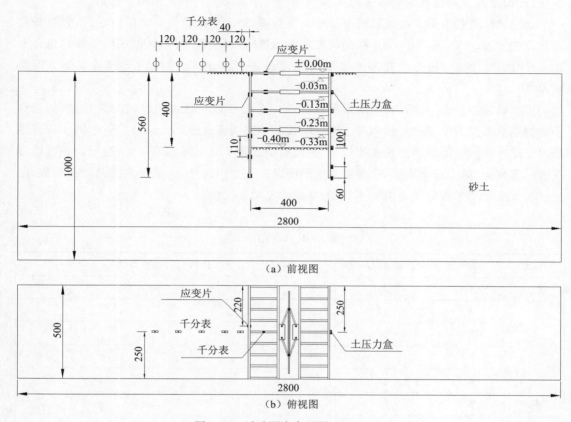

图 5-6 试验测点布置图(单位:mm)

置,保持测头与金属片试验全过程接触;依次记录每只千分表的初始数据。

(5)基坑开挖过程。以工况 A 为例加以说明。第 1 步(A-W1),开挖土体至 -0.03m 处,安放第 1 道内支撑 S_1,等待 1h,记录相关数据;第 2 步(A-W2),开挖土体至 -0.13m 处,安放第 2 道内支撑 S_2,等待 1h,记录相关数据;第 3 步(A-W3),开挖土体至 -0.23m 处,安放第 3 道内支撑 S_3,等待 1h,记录相关数据;第 4 步(A-W4),开挖土体至 -0.33m 处,安放第 4 道内支撑 S_4,等待 1h,记录相关数据;第 5 步(A-W5),开挖土体至 -0.40m 处,等待 1h,记录相关数据。

注意事项:设置等待时间的目的主要是使土体变形达到稳定和支护体系内力达到稳定。等待时间依据预试验数据和实验人员经验综合确定。笔者通过开挖和支撑预试验,来判断多长时间后监测数据能够保持稳定。砂土条件下,预试验结果表明基坑开挖各工况下,1h 内监测数据能达到稳定,内支撑伸缩工况下,监测数据在 6h 以内可以达到稳定,并以此综合确定了等待时间。

(6)内支撑位移调整阶段。通过主动调节 1 道或多道支撑杆件结构的纵向长度,达到控制内支撑压杆结构、地下连续墙和墙后土体三者之间的协调变形的效果。在工况 B1 条件下,通过长度调节装置控制第 2 道内支撑 S_2 缩短 1mm,等待 6h,记录相关数据。

上述试验过程为第 1 组试验的全过程实施步骤,第 1 组试验由 2 个阶段组成,包含基坑支护开挖阶段(工况 A)和内支撑纵向长度动态调整阶段(工况 B1),其他试验步骤也包含上述 2 个阶段。此后,用上述相同的试验步骤逐步进行其余 13 组的内支撑动态调节模型试验。

模型试验共分为 14 组,每一组模型试验是一个相互独立且协调统一的试验过程,包含小比例基坑模型开挖支护过程和内支撑纵向长度动态调整过程(S_1、S_2、S_3、S_4 中的 1 道或多道内支撑杆件同时沿纵向伸长或缩短)。相关模型试验实施工况如表 5-1 所示。在基坑开挖实际工程中,第 1 道内支撑 S_1 通常采用钢筋混凝土支撑构件,并承受多方向复杂荷载,因此试验方案中不考虑第 1 道内支撑 S_1 的纵向长度动态调整。

表 5-1 试验工况

工况	二级工况	开挖深度 H_e/cm	支撑杆件长度调整方式
工况 A (开挖)	W1	3	/
	W2	13	/
	W3	23	/
	W4	33	/
	W5	40	/
工况 B1	W6	40	S_2 缩短 1mm
工况 B2	W1~W5	同工况 A	/
	W6	40	S_2 依次伸长 1mm、2mm、3mm
工况 C1	W1~W5	同工况 A	/
	W6	40	S_3 缩短 1mm
工况 C2	W1~W5	同工况 A	/
	W6	40	S_3 依次伸长 1mm、2mm、3mm
工况 D1	W1~W5	同工况 A	/
	W6	40	S_4 缩短 1mm
工况 D2	W1~W5	同工况 A	/
	W6	40	S_4 依次伸长 1mm、2mm、3mm
工况 E1	W1~W5	同工况 A	/
	W6	40	S_2、S_3 同时缩短 1mm
工况 E2	W1~W5	同工况 A	/
	W6	40	S_2、S_3 同时依次伸长 1mm、2mm、3mm

续表 5-1

工况	二级工况	开挖深度 H_e/cm	支撑杆件长度调整方式
工况 F1	W1~W5	同工况 A	/
	W6	40	S_2、S_4 同时缩短 1mm
工况 F2	W1~W5	同工况 A	/
	W6	40	S_2、S_4 同时伸长 1mm、2mm、3mm
工况 G1	W1~W5	同工况 A	/
	W6	40	S_3、S_4 同时缩短 1mm
工况 G2	W1~W5	同工况 A	/
	W6	40	S_3、S_4 同时伸长 1mm、2mm、3mm
工况 H1	W1~W5	同工况 A	/
	W6	40	S_2、S_3、S_4 同时缩短 1mm
工况 H2	W1~W5	同工况 A	/
	W6	40	S_2、S_3、S_4 同时伸长 1mm、2mm、3mm

注意事项：支撑杆件纵向长度变化值主要是基于长度伸缩装置的长度变化最小值为 1mm 及在预试验背景下遇到的具体情况（当内支撑纵向增长长度大于或等于 4mm 时，模型支护结构受力急剧增大，同时发生不合理且难以调和的变形，当内支撑纵向长度减小值大于或等于 2mm 时，存在支护体系局部范围内的支撑杆件和地下连续墙脱空分离的现象，不满足变形协调条件）综合选定的。

5.2.1.4 试验参数

模型试验中选用的砂土取自武汉江滩，采用钢材制作地下连续墙和内支撑模型。模型试验中砂土物理力学参数通过土力学试验测得，Q235 钢材物理力学参数根据属性资料查找得出。具体材料参数如表 5-2 所示。

表 5-2 材料参数

材料	弹性模量 E/MPa	泊松比 μ	内摩擦角 φ/(°)	黏聚力 c/kPa	密度 ρ/(kg·m^{-3})
试验砂	30.0	0.31	32	0	1600
地下连续墙	2×105	0.28	/	/	7800
内支撑	2×105	0.28	/	/	7800

5.2.2 基坑开挖过程试验结果分析

5.2.2.1 地下连续墙变形特性

假定开挖面以下的地下连续墙底部位移为 0，ε_{1i} 为内侧应变，ε_{2i} 为外侧应变，d 为地下连续墙厚度。计算模型如图 5-7 所示，图 5-7(a)所示为取微小单元进行分析，变形后的微小单元如图 5-7(b)所示，微小单元计算简化后的几何关系如图 5-7(c)所示。

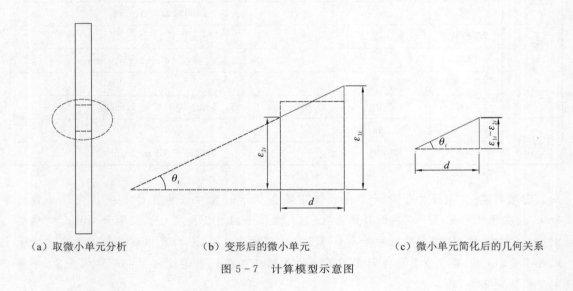

（a）取微小单元分析　　　（b）变形后的微小单元　　　（c）微小单元简化后的几何关系

图 5-7　计算模型示意图

由图 5-7(c)可知，变形点处的斜率为

$$K = \tan\theta = \frac{\varepsilon_{1i} - \varepsilon_{2i}}{d} \tag{5-1}$$

笔者给出了地下连续墙变形与应变的关系。根据实验测量结果可知地下连续墙某点处内、外两侧的应变差（$\varepsilon_{1i} - \varepsilon_{2i}$），并且 $e = \dfrac{1}{K}$，可按照式(5-2)、式(5-3)计算得出地下连续墙变形后的曲率半径 o_i 和对应的曲率圆弧角度 θ_i。

$$\rho_i = \frac{d}{\varepsilon_{1i} - \varepsilon_{2i}} \tag{5-2}$$

$$\theta_i = \frac{l_i}{\rho_i} \tag{5-3}$$

式中：d 表示地下连续墙厚度；l_i 表示曲率圆弧角度 θ_i 所对应的弧长。

假设 0 点为固定端点，计算模型如图 5-8 所示。

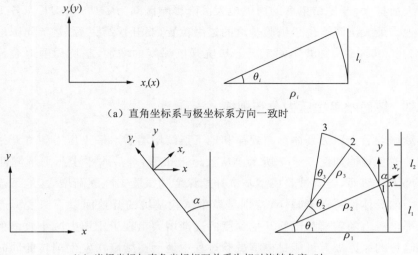

(a) 直角坐标系与极坐标系方向一致时

(b) 当极坐标与直角坐标相互关系为相对旋转角度α时

图 5-8 计算模型

当直角坐标系与极坐标系方向一致时：

$$dx = dx_r = -\rho_i(1-\cos\theta_i)$$
$$dy = dy_r = -(l_i - \rho_i\sin\theta_i)$$

(5-4)

当极坐标与直角坐标相互关系为相对旋转角度 α 时：

$$dx = -l_i\sin\alpha$$
$$dy = -l_i(1-\cos\alpha)$$

(5-5)

可根据地下连续墙的测点应变数据与曲率的关系综合计算得到地下连续墙水平变形曲线和各工况下不同开挖深度的变化曲线，计算方法与上面陈述一致，具体的变化规律如图 5-9 所示。在工况 A-W1 下，地下连续墙的最大变形为 0.16mm，发生在 2cm 深度位置，然后随着开挖深度的进一步增加，最大变形逐渐增加，同时其沿深度方向的位置也逐渐向下发生移动。开挖结束时，在工况 A-W5 下，地下连续墙最大水平变形为 0.73mm，约为 $0.18\%H_e$（其中 H_e 为基坑的最终开挖深度），具体位置发生在 34cm（约为 $0.85H_e$）深度位置处。

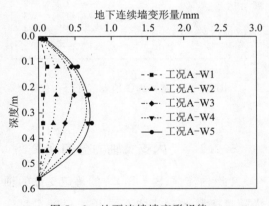

图 5-9 地下连续墙变形规律

5.2.2.2 基坑周围地表沉降分布规律

随着距基坑边缘水平距离逐渐增大，因地层土体缺失转移而引发的对基坑周边地表土体沉降的影响将逐渐减弱（图 5-10）。周围地表沉降的影响区间随着各工况下不同开挖深度的逐渐增大而扩大,开挖结束后的周围地表沉降影响区间为 $1.0\sim1.2H_e$。各工况不同开挖阶段下的地表最大沉降均位于试验基坑的边缘位置,当开挖结束后,基坑周围地表最大地表沉降量约为 $0.06\%H_e$;随着不同工况下基坑开挖深度的增加,基坑周围地表最大沉降量逐渐增加。

5.2.2.3 墙后水平土压力分布规律

地下连续墙墙后土压力具体分布规律和地下连续墙墙后水平土压力随着开挖深度变化而变化的相关变化规律如图 5-11 所示。从大体上来看,墙后水平土压力值随测点位置深度的增加而增大。然而,随着试验模型基坑开挖深度随试验工况逐渐增大,地下连续墙墙后的水平土压力的具体值将逐渐减小,特别是模型试验基坑的开挖面以下深度测点的地下连续墙墙后水平土压力随着模型试验开挖深度的逐渐增大出现了土压力减小收缩的趋势。造成这种变化趋势的原因极有可能是模型试验过程中地下连续墙在发生偏转的同时也发生了水平指向基坑内侧方向的挠曲变形。

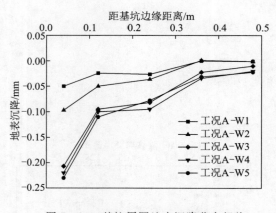

图 5-10 基坑周围地表沉降分布规律

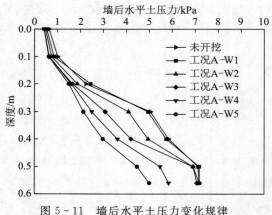

图 5-11 墙后水平土压力变化规律

5.2.2.4 内支撑轴力分布规律

4 道内支撑($S_1\sim S_4$)中的每道支撑的轴力随着模型试验基坑不同开挖深度实时变化而变化的相关规律如图 5-12 所示。从总体上来看,支撑 S_1 的轴力值最小并且随着开挖工况的变化 S_1 的轴力趋于逐渐稳定的状态,且 S_1 的轴力略有减小的趋势。除去 S_1 以外的 $S_2\sim S_4$ 等多道内支撑的轴力值均随着模型试验基坑开挖深度的增加而

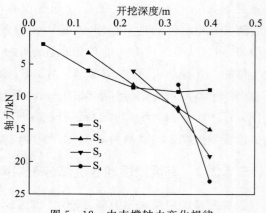

图 5-12 内支撑轴力变化规律

逐渐增大,尤其是从 $S_2 \sim S_4$ 不同压杆轴力的增长速率也在逐渐增加。这也与上述模型试验地下连续墙的变形变化规律相一致,即模型试验地下连续墙最大水平位移点沿深度方向的位置随模型试验开挖深度逐渐增加而出现逐渐下移的现象。

5.2.3 支护体系协调变形试验结果分析

支护结构协调变形理念的关键思路是通过实时动态调节支撑杆件系统中间位置的长度调节装置来实时调节地下连续墙水平位移和地下连续墙墙后水平土压力值,使支护结构的应力重新分布,从而进一步达到基坑支护结构协调变形的目的,并且将基坑支护结构设计参数控制在预期设定的区间范围内。

在对模型试验结果进行分析时,将试验 A-W5 工况(本工况为模型基坑开挖结束后的状态,且不进行内支撑压杆系统的长度伸缩调整)命名为初始基本工况。各自模型试验工况下的支撑压杆轴力、地下连续墙最大水平变形、地下连续墙墙后水平土压力、周围土体沉降情况等试验结果将基于初始基本工况进行研究和比较,从而进一步分析上述研究参数的变化规律和支护结构动态调整下的协调变形变化效果。

5.2.3.1 内支撑轴力变化规律

动态伸缩调整各道支撑杆件长度所引发的支撑杆件轴力变化规律及相关统计曲线如图 5-13 所示。其中纵向坐标参数指标为 $S_1 \sim S_4$ 中各道支撑杆件轴力值与该支撑杆件试验初始 A-W5 工况下的监测轴力值之比。

(1) 控制其中 1 道支撑伸缩。在试验工况 B1 下,S_2(第 2 道内支撑)轴力值变化最大(减小 37%),其余 3 道内支撑轴力值增长比例不超过 5%。在试验工况 B2 下,第 2 道内支撑轴力值变化最大(依次增长 38%、98%、113%),第 1、第 3 道内支撑轴力值变化次之(依次减小 20%、22%、55%、10%、20%、25%),第 4 道内支撑轴力值变化最小(变化比例小于 5%)。在试验工况 C1 下,第 3 道内支撑轴力值变化最大(减小 34%),第 4 道内支撑轴力值变化次之(增长 10%),其余 2 道内支撑轴力值变化最小(变化比例均小于 5%)。在试验工况 C2 下,第 3 道内支撑杆件 S_3 的纵向轴力值变化最大(依次增长 34%、82%、108%),沿重力方向紧邻的第 2、第 4 道内支撑杆件 S_2 和 S_4 的纵向轴力值变化次之(依次减小 8%、16%、20%、27%、35%、61%),第 1 道内支撑杆件 S_1 的纵向轴力值变化最小(减小 5%、6%、10%)。在试验工况 D1 下,第 4 道内支撑杆件 S_4 的纵向轴力值变化最大(直接减小 20%),其余的 S_1、S_2 和 S_3 等多道支撑杆件纵向轴力值变化比例全部小于 5%,可忽略不计。在试验工况 D2 下,第 4 道内支撑杆件 S_4 的纵向轴力值变化最大(依次增长 28%、61%、93%),第 3 道内支撑杆件 S_3 的纵向轴力值变化次之(依次减小 21%、35%、67%),其他 2 道内支撑杆件 S_1 和 S_2 的纵向轴力值变化最小(依次减小 5%、12%、17%、8%、20%、23%)。

(2) 控制其中 2 道内支撑伸缩。在模型试验工况 E1 下,第 2、第 3 道内支撑杆件 S_2 和 S_3 的轴力值依次减小 24% 和 28%,第 1、第 4 道内支撑杆件 S_1 和 S_4 的轴力值依次增长 35% 和 28%。在模型试验工况 E2 下,第 2、第 3 道内支撑杆件 S_2 和 S_3 的轴力值依次增长

42%、53%、69%、23%、47%、78%,第1、第4道内支撑杆件 S_1 和 S_4 的轴力值依次减小35%、40%、60%、22%、33%、63%。在模型试验工况 F1 下,第2、第4道内支撑杆件 S_2 和 S_4 的轴力值依次减小27%、11%,第1、第3道内支撑杆件 S_1 和 S_3 的轴力值依次增长29%、22%。在模型试验工况 F2 下,第2、第4道内支撑杆件 S_2 和 S_4 的轴力值依次增长29%、43%、54%、34%、67%、86%,第1、第3道内支撑杆件 S_1 和 S_3 的轴力值依次减小15%、33%、52%、25%、52%、70%。在模型试验工况 G1 下,第3、第4道内支撑杆件 S_3 和 S_4 的轴力值依次减小19%、13%,第1、第2道内支撑杆件 S_1 和 S_2 的轴力值依次增长29%、18%。在模型试验工况 G2 下,第3、第4道内支撑杆件 S_3 和 S_4 的轴力值依次增长23%、51%、62%、25%、55%、77%,第1、第2道内支撑杆件 S_1 和 S_2 的轴力值依次减小11%、15%、22%、15%、25%、30%。

(3)控制3道支撑伸缩。在模型试验工况 H1 下,第2、第3、第4道内支撑杆件 S_2、S_3 和 S_4 的轴力值依次减小11%、19%、13%,第1道内支撑杆件 S_1 的轴力值增长35%。在模型试验工况 H2 下,第2、第3、第4道内支撑杆件的轴力值依次增长21%、34%、46%、20%、31%、50%、26%、46%、75%,第1道支撑杆件的轴力值依次减小11%、15%、24%。

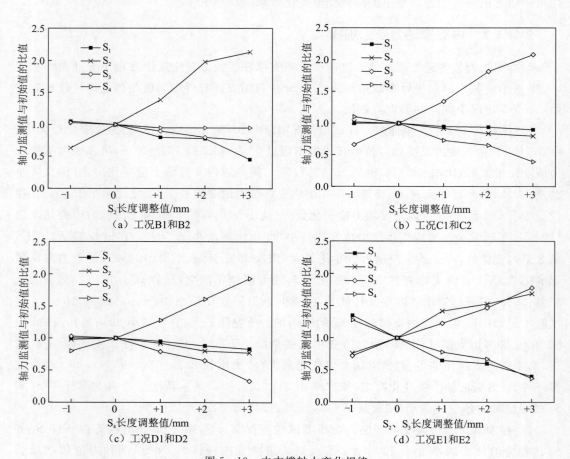

图 5-13 内支撑轴力变化规律

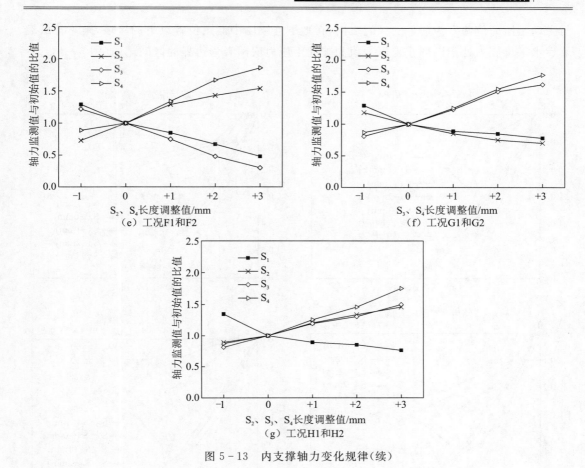

图 5-13 内支撑轴力变化规律（续）

由模型试验相关结果可知,经过纵向长度调整后的支撑杆件轴力值变化比例最为显著,沿着重力方向紧邻的支撑杆件轴力值变化比例次之。在相同的支撑杆件长度控制条件下,单独调节 $S_2 \sim S_4$ 中任意 1 道支撑杆件时,支撑杆件轴力值变化比例的相关关系为 $N_{D_{S_4}} < N_{C_{S_4}} < N_{B_{S_4}}$（D、C、B 表示不同工况支撑杆件轴力值，$S_i$ 表示第 i 道支撑）。同时调节 $S_2 \sim S_4$ 中任意 2 道支撑杆件时,支撑杆件轴力值变化比例的相关关系为 $N_{E_{S_2}} < N_{F_{S_2}} < N_{B_{S_2}}$，$N_{G_{S_3}} < N_{E_{S_3}} < N_{C_{S_3}}$，$N_{G_{S_4}} < N_{F_{S_4}} < N_{D_{S_4}}$。同时调节 S_2、S_3、S_4 的支撑长度时,支撑杆件的轴力值变化比例的相关关系为 $N_{H_{S_2}} < N_{B_{S_2}}$，$N_{H_{S_3}} < N_{C_{S_3}}$，$N_{H_{Sd4}} < N_{D_{S_4}}$。

5.2.3.2 墙后水平土压力变化规律

由于基坑模型开挖,基坑周围深层土体发生缺失,引发基坑附近砂土推压地下连续墙产生水平变形,并同时促使地下连续墙产生偏转。地下连续墙围绕着自身的一个中性点位置发生着转动。地下连续墙中性点位置的地下连续墙墙后水平土压力可近似等效为静止土压力;在地下连续墙中性点位置以上的区域,地下连续墙墙后水平土压力处于以静止土压力值与主动土压力值两者为边界的区间之内;在地下连续墙中性点位置以下的区域,地下连续墙墙后水平土压力处于以静止土压力值和被动土压力值两者为边界的区间之内(图5-14)。

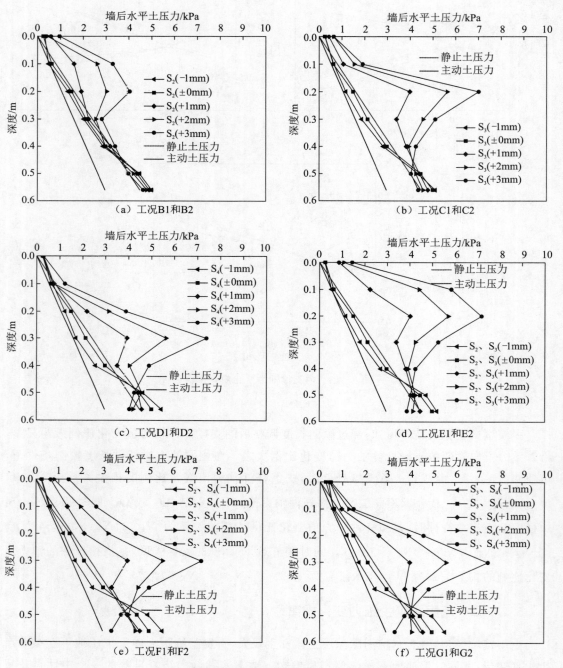

图5-14 墙后水平土压力随支撑位移的变化规律

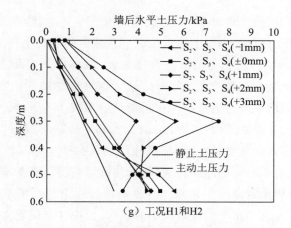

图 5-14 墙后水平土压力随支撑位移的变化规律(续)

调整其中 1 道支撑杆件的位移时,在模型试验工况 B1、C1、D1 下,在基坑试验模型深度 $1.0H_e$、$1.125H_e$、$1.20H_e$ 以上区域内的墙后水平土压力值减小,在上述点位的以下区域墙后土压力值表现为逐渐增加。其中在模型试验工况 B1 下的第 2 道内支撑杆件 S_2 处的墙后土压力值改变幅度最大(减小比例为 23%),在模型试验工况 C1 下的第 3 道内支撑杆件 S_3 处的墙后土压力值改变幅度最大(减小比例为 21%),在模型试验工况 D1 下的第 4 道内支撑杆件 S_4 处的墙后土压力值改变幅度最大(减小比例为 20%)。在模型试验工况 B2、C2、D2 下,按照顺序各自约在基坑试验模型深度 $1.0H_e$、$1.2H_e$、$1.20H_e$ 以上区域内的墙后水平土压力值显著增大,在上述点位以下区域的墙后水平土压力值表现为逐渐减小。在模型试验工况 B2、C2 下,第 3 道内支撑杆件 S_3 深度处的墙后水平土压力值改变幅度最大(在模型试验工况 B2 下按照顺序依次增长 29%、104%、171%,在模型试验工况 C2 下依次增长 168%、279%、371%)。在模型试验工况 D2 下,第 4 道内支撑 S_4 深度处的墙后水平土压力值改变幅度最大(依次增长 85%、165%、248%)。

当调整其中 2 道支撑压杆的位移时,在模型试验工况 E1、F1、G1 下,试验模型坑底深度在 $1.20H_e$ 以上区域内的墙后水平土压力值减小,在上述点位以下区域的墙后土压力值表现为逐渐增加。其中,在模型试验工况 E1 下,第 3 道内支撑杆件 S_3 深度处的墙后土压力值改变幅度最大(减小比例为 23%),在模型试验工况 F1、G1 下,基坑试验模型底面附近位置的墙后水平土压力值改变幅度最大(依次减小 16%、17%)。在模型试验工况 E2、F2、G2 下,基坑试验模型底面附近位置约 $1.20H_e$ 以上高度区域范围内的墙后土压力值明显增加,在上述点位以下区域的墙后土压力值表现为逐渐减小。在模型试验工况 E2 下,第 3 道内支撑杆件 S_3 高度位置的墙后水平土压力值改变幅度最大(依次增长 170%、284%、383%)。在模型试验工况 F2、G2 下,第 4 道内支撑杆件 S_4 高度位置的墙后土压力值改变幅度最大(在模型试验工况 F2 下依次增长 90%、163%、243%,在模型试验工况 G2 下依次增长 88%、

165%、252%)。

当调节 3 道支撑压杆的位移时,在模型试验工况 H1 下,试验模型坑底深度在 $1.20H_e$ 以上区域内的墙后土压力值减小,在上述点位以下区域内的墙后土压力值逐渐增加,其中第 4 道内支撑 S_4 深度处的墙后土压力值改变幅度最大(减小比例为 21%)。在模型试验工况 H2 下,试验模型基坑地面附近深度在 $1.20H_e$ 以上区域内的墙后土压力值明显增加,在上述位点以下区域内的墙后土压力值减小。在模型试验工况 H2 下,第 4 道内支撑杆件 S_4 深度处的墙后土压力值改变幅度最大(依次增长 85%、167%、256%)。

当主动调节支撑杆件的长度减小时,地下连续墙既会产生向基坑内部一侧的水平挠曲弯曲,也会发生向基坑内部一侧的倾斜转动,地下连续墙将围绕着基坑开挖面附近的某一固定点发生动态转动,称该固定点为中性点。中性点位置以上的高度范围内的墙后土压力值进入土压力主动区间,并进一步产生逐渐减小的趋势,而中性点位置以下的高度范围内的墙后土压力值进入土压力被动区间,并进一步产生逐渐增大的趋势。

当主动调节支撑杆件的长度减小时,地下连续墙在试验全过程始终保持围绕开挖面附近深度位置的某一中性点发生旋移转动。作用在中性点深度位置以上的高度范围内的墙后土压力值进入土压力主动区间,并进一步产生逐渐减小的趋势;与此同时作用于中性点深度位置以下的高度范围内的墙后土压力值进入土压力被动区间,并进一步产生逐渐增大的趋势。当主动调节支撑杆件的长度增加时,地下连续墙在试验全过程始终围绕中性点保持反方向旋移转动,在此同时作用在中性点深度位置以上的高度范围内的墙后土压力值进一步产生增大趋势并进入土压力被动区间,作用在中性点深度位置以下的高度范围内的墙后土压力值进一步减小,并逐渐由土压力被动区间变化为土压力主动区间。详细的土压力动态改变规律如图 5-15 所示。

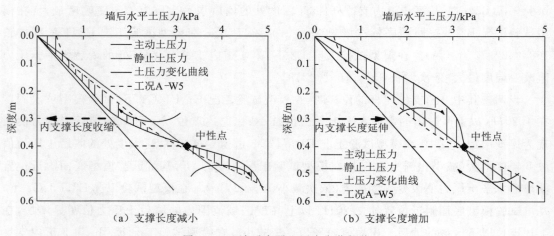

(a) 支撑长度减小　　(b) 支撑长度增加

图 5-15　墙后水平土压力变化规律

除此以外,调节支撑杆件长度增加将引发内支撑杆件附近区域位置内的墙后土压力产生集中现象。单独调节其中某一道支撑杆件的长度时,第2道内支撑杆件 S_2 的长度增加将对墙后土压力值的影响最大。当主动调节 S_2、S_3 和 S_4 中的任意2道支撑杆件的长度或者直接增加 $S_2 \sim S_4$ 中全部3道支撑杆件的长度时,墙后土压力集中现象主要出现在支撑长度被动态调节的支撑杆件中相对位置深度最靠近开挖面的墙后区域。因此,在工程实践活动中并不是越严格地控制地下连续墙水平位移,基坑开挖就越安全,而是应该积极合理地调节支撑杆件的实际长度,并进一步扩大地下连续墙墙后土压力的实时监控区域范围。

本书模型试验中所采用的地基土为砂性土。在本次试验条件下,主动破裂面与水平线夹角为 29°,被动破裂面与水平线夹角为 61°。一方面,在基坑开挖时,周围土体沿主动土压力破裂面滑动,此时墙后土体处于主动土压力区间(图 5-16)。待监测数据稳定后,墙后土体变形基本完成,达到稳定状态。开挖结束后的墙后主动土压力曲线接近静止土压力曲线。然而当支撑伸长后,墙后土体被推出且发生被动挤压。此时墙后的稳定砂土内并无足够的孔隙"吸收"因内支撑推挤而产生的压缩变形,土体逐渐进入被动土压力状态。

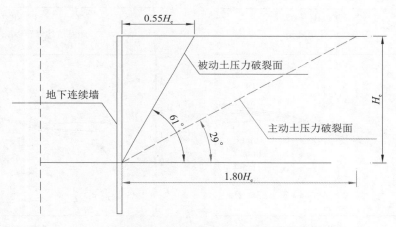

图 5-16 主动—被动土压力破裂面

另一方面,基坑开挖过程中地层缺失,产生水平位移和周边地表沉降。通过伸长支撑将已经发生的水平位移推回,对于稳定的墙后土体而言将必然引起新的隆起。现有的试验结果也表明稳定后的土体确实产生了新的隆起。因此,地表新隆起的发生将直接表明,墙后土体已经处于墙后被动土压力的范围。

笔者在本次模型试验中采用砂土,能够使土体在较短的时间内达到较密实的稳定状态。砂土与实际工程中的软土不同。这可能是试验过程中被动土压力不同于实际工程中被动支撑条件下的主动土压力的主要原因。同时,当支撑杆件主动将墙体推出时,墙后土压力变为被动土压力,这一结果也与实际情况不符,具体原因与上述原因类同。但这仍然是一个具有学术价值、值得深入研究的问题。笔者将在后期的研究工作中,通过超重力离心模拟实验进一步研究不同类型地基土条件下支撑伸缩对墙后土压力的影响规律。

5.2.3.3 基坑周围地表沉降变化规律

因实时动态调节各位置支撑杆件的长度所引发的模型试验基坑的附近土体竖向位移的变动特征如图 5-17 所示。

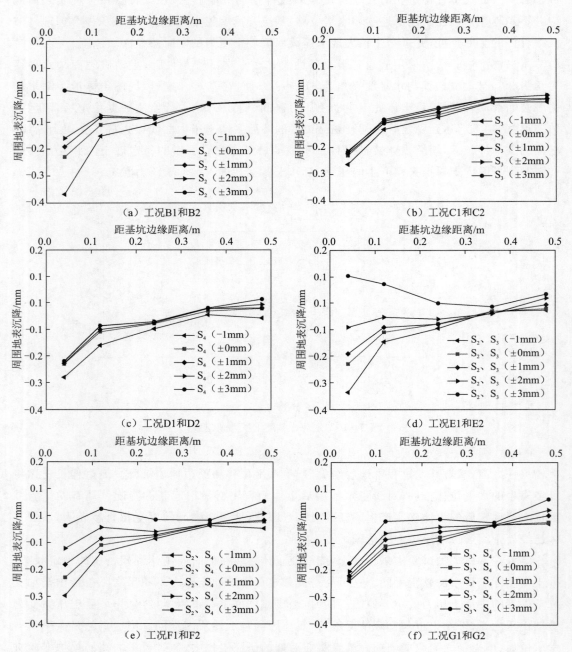

图 5-17 基坑周围地表沉降变化规律

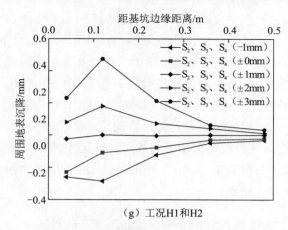

(g) 工况H1和H2

图 5-17 基坑周围地表沉降变化规律(续)

当动态调节支撑杆件 S_2~S_4 中的任意 1 道支撑杆件的长度时,在模型试验工况 B1、C1 和 D1 下,模型试验基坑附近的地表土体竖向位移明显增加,土体沉降的水平影响区间按照 S_2~S_4 的顺序分别为 0~0.75H_e、0~1.0H_e 和 0~1.25H_e,基坑附近的地表土体最大竖向位移改变值依次增长 60%、14% 和 12%。在模型试验工况 B2、C2 和 D2 下,模型试验基坑附近的土体表面出现了反重力方向隆起的趋势和现象,土体沉降的水平影响区间按照 S_2~S_4 的顺序分别为 0~0.5H_e、0~1.25H_e 和 0~1.25H_e。

当动态调节支撑杆件 S_2~S_4 中的任意 2 道支撑杆件的长度时,在模型试验工况 E1、F1 和 G1 下,模型试验基坑附近的地表土体竖向位移在 0~0.75H_e、0~0.6H_e 和 0~1.25H_e 区间内增加,最大地表竖向位移依次增长 47%、29% 和 4%。在模型试验工况 E2、F2 和 G2 下,模型试验基坑附近地表土体竖向位移在 0~0.75H_e、0~1.25H_e 和 0~1.25H_e 区间内出现反重力方向的竖向隆起位移,模型试验工况 E2 下的基坑附近大约 0.1H_e 处的地表竖向位移依次变化为开挖结束工况 A-W5 沉降值的 83%、40%、-45%,模型试验工况 F2 下的基坑附近大约 0.3H_e 处的测点地表竖向位移依次变化为开挖结束工况 A-W5 沉降的 78%、40%、23%,模型试验工况 G2 下的基坑附近大约 0.6H_e 处的测点地表竖向位移依次变化为开挖结束工况 A-W5 沉降的 73%、50%、1%。

当动态调节支撑杆件 S_2~S_4 中的所有 3 道支撑杆件的长度时,在模型试验工况 H1、H2 下,模型试验基坑附近的土体表面竖向沉降变化区间全部超过了 1.25H_e 处的变化区间。在模型试验工况 H1 下,模型试验基坑附近的土体表面竖向位移将增大,基坑周围土体地面最大竖向变形增加比例为 24%。在模型试验工况 H2 下,基坑周围土体地面呈现反重力方向的隆起变化现象,其中在模型试验基坑附近 0.3H_e 处的土体竖向位移改变最为显著(依次增长 -100%、-264%、-532%)。

从模型测试结果中不难发现,随着主动伸缩引发内支撑长度发生改变的支撑杆件沿重力方向相对位置逐渐向下移动,基坑附近土体沉降位移主要变化区间进一步扩张,与此同时基坑附近土体沉降变化比例进一步减小。同时,支撑杆件长度增加而引起的地表反重力方向的运动比例明显小于支撑杆件长度减小导致的周围土体竖向沉降的运动比例。此外,当沿重力方向相对位置较浅的支撑杆件长度增加时,所引发的基坑附近土体沿重力方向的隆起区域大致位置沿基坑地下连续墙周边边缘位置分布,但沿重力方向相对位置较深的支撑杆件长度增加,模型试验基坑附近土体竖向位移减小,模型试验基坑相对地下连续墙位置较远处区域呈现沿反重力方向的隆起抬升趋势。协同动态调节全部 $S_2 \sim S_4$ 支撑杆件的长度时,控制基坑附近土体表面竖向沉降的动态调节效果最优,该条件下的基坑附近土体地表竖向位移影响区域也比仅动态调节 $S_2 \sim S_4$ 中的1道或2道支撑杆件的长度所形成的基坑附近土体地表竖向位移影响区域要大。

5.2.3.4 地下连续墙最大变形与最大轴力的关系曲线

通过动态调节支撑杆件纵向长度所引发的最大地下连续墙水平变形与支撑杆件系统的轴力值之间的关系曲线详见图 5-18。根据曲线规律,支撑构件系统的轴力值变化特性与墙体水平挠曲值变化特性之间成反比。大量模型试验结果表明,增加支撑杆件长度可明显抑制基坑墙体的挠曲与侧移,但同时也会引发支撑杆件系统的轴向力出现显著上升的现象。当且仅当动态调节支撑杆件 $S_2 \sim S_4$ 中的任意1道支撑杆件的长度时,墙体挠曲与侧移在相同的数值条件下,相对位置较深的支撑杆件长度变化所引起的支撑杆件轴向力改变值小于相对位置较浅的支撑杆件长度变化所引起的支撑杆件轴向力改变值。当动态调节 $S_2 \sim S_4$ 中的任意2道或全部3道支撑杆件的长度时,相对位置靠下的支撑杆件轴向力改变值略大于相对位置靠上的支撑杆件轴向力改变值。此外,动态调整 $S_2 \sim S_4$ 中的1道内支撑杆件长度所引发的轴力改变值最大,动态调整 $S_2 \sim S_4$ 中的2道支撑杆件长度所引发的轴力改变值次之,动态调整 $S_2 \sim S_4$ 所有的3道支撑杆件长度所引发的轴力改变值最小。

5.2.4 讨论

基于上述模型试验数据结果及相关规律可知,当主动减小 $S_2 \sim S_4$ 中的1道、2道或3道支撑杆件长度时,被动态调整过的支撑杆件由于应力释放而使纵向轴力减小,但与被调整过的支撑杆件沿重力方向临近的支撑杆件,由于相对土压力集中,纵向轴力被迫增加;被动态调整过的支撑杆件位置的墙后附近局部区域内的墙后土压力值减小,可引发墙体挠曲变形与水平侧移值增大,基坑附近的土体地面竖向位移也进一步增大。当增加1道、2道或3道支撑杆件的长度时,可有效抑制墙体挠曲变形并减小水平侧移值和基坑附近周围土体表面竖向位移,但与此同时被动态调整后的支撑杆件系统纵轴轴向力显著增大,该背景下的墙体土压力监测值也明显变大。当墙体挠曲变形及水平侧移值减小至某一极端区间时,基坑支撑围护结构体系的动态调整效率及转化比直接降低。因此,并不是越极端地抑制基坑墙体挠曲变形及减小侧移值,开挖体系就越能维持绝对稳定。相反,在工程实践上,某些时刻甚至应主动释放地下连续墙的挠曲变形和水平侧移值,目的是维持基坑支撑围护结构体系在一个协调变形的受力稳定区间内,以长期维持支护体系的稳定性。

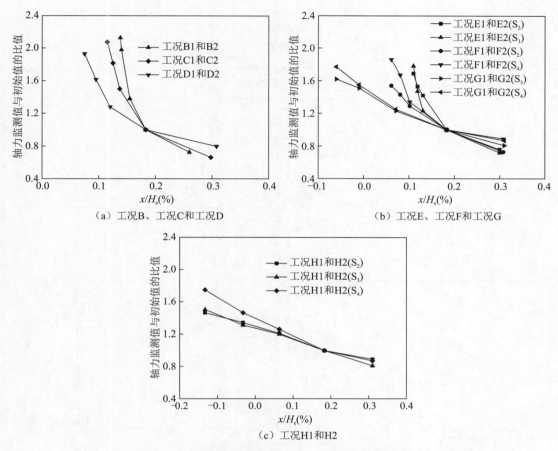

图 5-18 地下连续墙最大变形与内支撑轴力关系曲线

笔者设计了一种可以调节长度的内支撑结构并尝试将它用于对基坑支撑围护结构的动态调整。长度调节装置可以由液压控制，也可以由其他新技术调整。若地下连续墙水平位移过大，则通过伸缩装置增加内支撑的长度。通过伸长内支撑可以抑制地下连续墙水平位移，提高基坑稳定性。若支护体系应力集中显著，地下连续墙水平位移应在合理范围内适当增大，通过缩短内支撑长度来减缓支护体系内力，尤其是减小支撑轴力，防止因内支撑体系失稳引起支护体系连续破坏。笔者将依据相关参考规范，针对关于支撑轴力与墙体水平位移的两份检测规范中提到的最重要的参数进行研究，讨论上述动态调整方法在实际工程中的应用和推进，重在提出调整理念与新思路(Cheng et al.，2017；Tan et al.，2019；He et al.，2020)。基于协调变形理念的支护结构智能动态调节系统具体流程详见图 5-19。

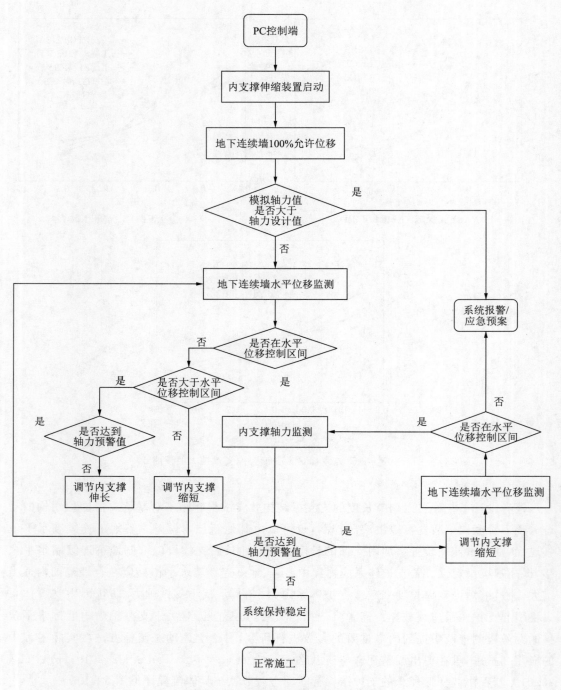

图 5-19 协调变形智能调节流程图

5.3 支护体系协调变形数值模拟

5.3.1 工程问题分析

项目组以深圳市城市轨道交通12号线上川站深基坑工程为依托,确定该基坑标准段断面形状及尺寸,如图5-20所示。基坑全长为537m,标准段宽为20m,开挖深度为18.5m。支护体系采用厚0.8m地下连续墙结合4道内支撑组合形成,地下连续墙高26m,基坑首道内支撑为钢筋混凝土支撑(S_1),其余3道为用Q235钢材制作而成的钢支撑(S_2、S_3和S_4)。钢筋混凝土支撑的有效截面积为1000mm×800mm,钢支撑的断面参数为$\phi=609mm$,$t=16mm$。地层及支护体系参数如表5-3所示。

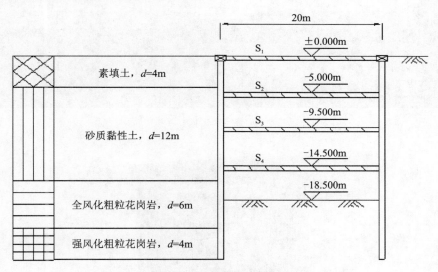

图5-20 基坑标准断面图

表5-3 材料参数

土层	弹性模量 E/MPa	泊松比 μ	内摩擦角 $\varphi/(°)$	黏聚力 c/kPa	密度 ρ/(kg·m^{-3})
素填土	5	0.34	18.0	5.0	1780
砾质黏性土	10	0.30	23.5	27.5	1840
全风化粗粒花岗岩	55	0.30	27.5	30.0	1900
强风化粗粒花岗岩	400	0.30	30.0	35.0	1950
中风化粗粒花岗岩	2000	0.26	40.5	40.5	2400
地下连续墙	31.5×10^3	0.167	—	—	2500
混凝土支撑(S_1)	31.5×10^3	0.167	—	—	2500
钢支撑(S_2、S_3、S_4)	200×10^3	0.167	—	—	7800

5.3.2 数值模型与参数

笔者基于有限元分析软件 Midas GTS NX 建立了上川站基坑三维数值分析模型,为了与现场结果对比分析,数值模型相关尺寸及参数与现场工程的尺寸及参数基本一致(图 5-21)。模型几何尺寸为 180m×24m×50m(长×宽×高)。在模型中,地层采用实体单元模拟,地下连续墙和内支撑采用结构单元模拟。地层采用 M-C 理想弹塑性模型,地下连续墙和内支撑采用弹性模型,在地层与地下连续墙之间建立接触关系。模型四周边界约束水平位移,底部边界约束水平位移和竖向位移,本数值模拟不考虑排水固结的影响。材料参数见表 5-3,接触面参数见表 5-4(接触参数依据相关手册确定)。

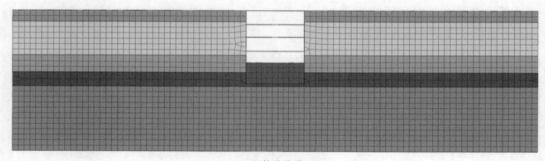

(a)整体数值模型

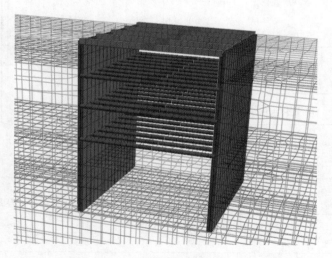

(b)支护体系模型

图 5-21 数值模型示意图

表 5-4 接触面参数

接触关系	法向刚度 k_n/GPa	切向刚度 k_s/GPa	黏聚力 c/kPa	内摩擦角 φ/(°)	膨胀角 Ψ/(°)
地层土—地下连续墙	$3×10^5$	$3×10^5$	0	28	0

5.3.3 数值模拟结果验证

图 5-22 显示了开挖结束后数值模拟与实测条件下地下连续墙水平位移对比曲线。由图可知,模拟结果与现场实测结果变化趋势相同,最大水平位移位于深度 13m 处,模拟值为 15.80mm,实测值为 16.38mm。地下连续墙水平位移数值模拟与现场实测结果最大值的差异比例约为 3.7%。

图 5-23 显示了开挖结束后内支撑轴力对比曲线。由图可知,模拟结果与实测结果变化趋势相同,S_1 和 S_2 的模拟结果略大于实测结果,S_3 和 S_4 的模拟结果略小于实测结果,模拟与实测得到的轴力最大值的差异比例约为 8.4%。

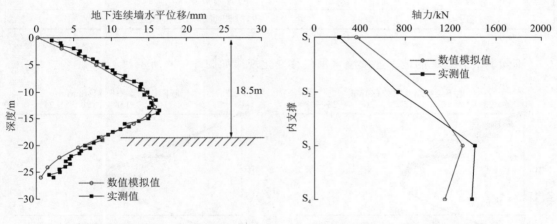

图 5-22 地下连续墙水平位移对比曲线　　图 5-23 内支撑轴力对比曲线

数值模拟得出的地下连续墙水平位移分布规律及内支撑轴力分布规律与基坑开挖监测数据基本一致,从而进一步验证了本文建立的数值模型的有效性和可靠性。下面将采用验证后的数值模型开展后续研究工作。

5.3.4 动态调整时地下连续墙水平位移变化规律

为简化表述,笔者在书中对研究工况进行分类定义。定义表述如表 5-5 所示。由于实际工程中从上到下土层性质各异,上部支撑与下部支撑在受力特性方面存在着显著差别,因此同时控制多道内支撑伸缩相同长度一定不是最佳的动态调整方案,进一步探索不同支撑伸缩不同长度的方案是符合施工现场支护体系动态调整技术发展需要且富有价值的研究方案。现阶段,由于笔者在文中提出的动态调整方式只是采用数值模拟方法进行的一个初步探索和尝试,因此没有着重考虑最佳的不同支撑差异伸缩方案,但控制支撑差异伸缩位移仍是一个非常有学术价值且值得讨论研究的方向。笔者将会在下一步的研究工作中开展支护体系不同支撑差异伸缩方案的研究,对比分析多种差异伸缩调整方案下的受力特性差异,根据研究结果给出确定最佳调整方案的建议依据,并根据研究结果优化和改进动态调整思路和方案,进一步拓展和延伸该条件下的基坑支护体系协调变形规律研究,得出更接近实际工况的结果。

表 5-5 数值工况情况

工况定义	调整方式
工况 A	调整 S_2 长度
工况 B	调整 S_3 长度
工况 C	调整 S_4 长度
工况 D	同时调整 S_2 和 S_3 长度
工况 E	同时调整 S_2 和 S_4 长度
工况 F	同时调整 S_3 和 S_4 长度
工况 G	同时调整 S_2、S_3 和 S_4 长度

不同调节方式下的地下连续墙水平位移变化规律如图 5-24 所示。

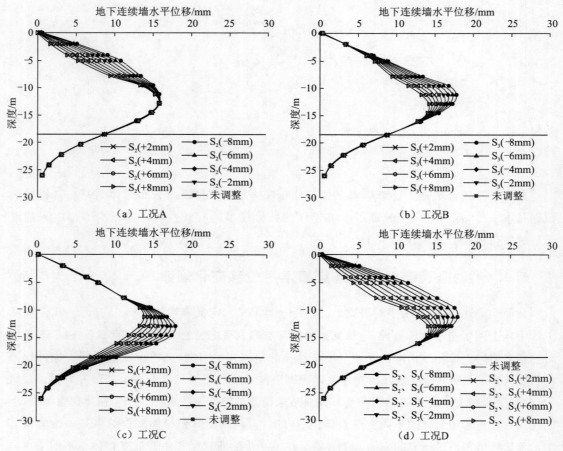

图 5-24 不同调节方式下的地下连续墙水平位移变化规律

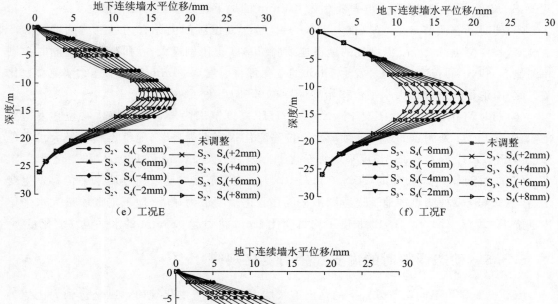

图 5-24 不同调节方式下的地下连续墙水平位移变化规律(续)

(1)调节 S_2 时(工况 A),$0\sim 0.6H_e$ 高度区间内原有的地下连续墙侧移曲线产生改变,其中 S_2 接触点处的地下连续墙水平位移变化幅度最为显著,控制和调节 S_2 长度,平均每改变 1mm 都将引发 0.35mm 的地下连续墙侧移变化量。此外,在 S_2 的调节过程中,墙体最大水平位移保持不变。

(2)调节 S_3 时(工况 B),$0.3\sim 0.8H_e$ 高度范围内地下连续墙水平位移发生变化,其中 S_3 接触点处的地下连续墙水平位移变化幅度最为显著,S_3 长度平均每变化 1mm 将引起 0.3mm 的水平位移变化量。此外,在 S_2 的调节过程中,墙体最大水平位移及位置都发生变化。

(3)调节 S_4 时(工况 C),$0.6\sim 1.1H_e$ 高度范围内地下连续墙水平位移发生变化,其中 S_4 接触点处的地下连续墙水平位移变化幅度最为显著,S_4 长度平均每变化 1mm 将引起 0.35mm 的水平位移变化量。

(4)同时调节 S_2、S_3 时(工况 D),$0\sim 0.8H_e$ 高度区间内原有的地下连续墙位移产生改变,其中测点 $0.42H_e$ 深度处的地下连续墙位移变化比例最大,在研究过程中同时控制调整 S_2 和 S_3 长度,平均每改变 1mm 都将引发 0.5mm 的地下连续墙侧移变化量。

（5）同时动态调节 S_2、S_4 时（工况 E）,$0\sim1.1H_e$ 高度区间内原有的地下连续墙位移产生改变,其中测点 $0.27H_e$ 深度处的地下连续墙位移变化比例最大,在研究过程中同时控制和调整 S_2 和 S_4 的长度,平均每发生 1mm 的变化都将引发 0.35mm 的地下连续墙侧移变化量。此外,地下连续墙最大水平位移始终保持在 $0.69H_e$ 处。

（6）同时调节 S_3、S_4 时（工况 F）,$0.4\sim1.1H_e$ 高度范围内地下连续墙水平位移发生变化,其中 $0.69H_e$ 处测点的地下连续墙水平位移变化幅度最为显著（地下连续墙最大水平位移也位于 $0.7H_e$ 处）,S_3、S_4 长度平均每变化 1mm 将引起 0.45mm 的水平位移变化量。

（7）同时调节 S_2、S_3、S_4 时（工况 G）,$0\sim1.1H_e$ 高度范围内地下连续墙水平位移发生变化,其中 $0.69H_e$ 处测点的地下连续墙水平位移变化幅度最为显著（地下连续墙最大水平位移也位于 $0.7H_e$ 处）,S_2、S_3、S_4 长度平均每变化 1mm 将引起 0.5mm 的水平位移变化量。

5.3.5　动态调整时的内支撑轴力变化规律

图 5-25 显示不同调节方式下的地下连续墙内支撑轴力变化规律。纵坐标轴力比值为"调整后 $S_1\sim S_4$ 中任意 1 道支撑轴力值"与"未调整时（即开挖结束时）$S_1\sim S_4$ 中同一支撑轴力值"的比值;横坐标长度调整值为"支撑长度调整绝对值"与"支撑长度绝对值"的比值,且负值代表长度缩短,正值代表伸长。由图 5-25 可知,所有调节过程中的内支撑轴力系数皆呈线性变化。

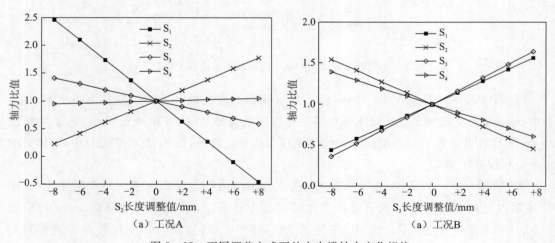

图 5-25　不同调节方式下的内支撑轴力变化规律

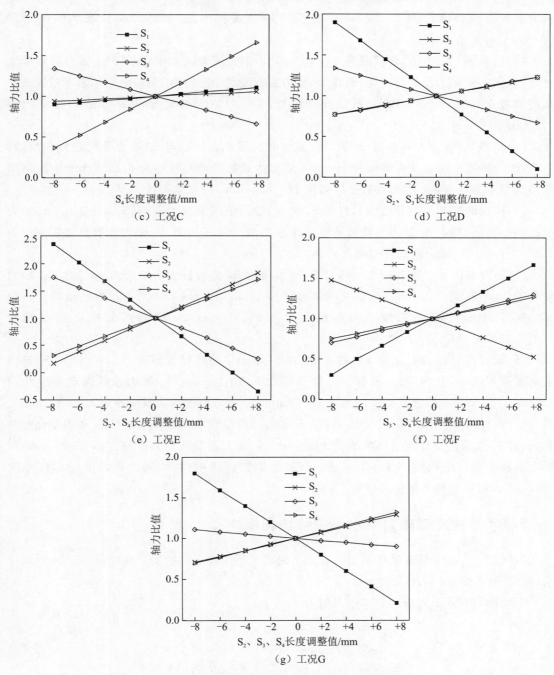

图 5-25 不同调节方式下的内支撑轴力变化规律(续)

(1) 调节 S_2(工况 A),将主要对 S_1 和 S_3 轴力值造成较大影响,且皆与 S_2 轴力变化趋势相反,其中 S_1 轴力系数波动幅度约为 18.5%/mm,S_3 轴力系数波动幅度约为 5%/mm,S_2

轴力系数波动幅度约为 9.5%/mm。而整个调整过程中的 S_4 轴力系数波动幅度小于 5%/mm，可忽略不计。

(2) 调节 S_3（工况 B），将同时对 S_1、S_2、S_4 轴力值造成较大影响，S_1 与 S_3 轴力同趋势变化，S_2、S_4 与 S_3 轴力反趋势变化，其中 S_1 轴力系数波动幅度约为 7%/mm，S_2 轴力系数波动幅度约为 6.75%/mm，S_3 轴力系数波动幅度约为 8%/mm，S_4 轴力系数波动幅度约为 5%/mm。

(3) 调节 S_4（工况 C），将对 S_3 轴力值造成较大影响，且 S_3 与 S_4 轴力变化趋势相反，其中 S_3 轴力系数波动幅度约为 4.25%/mm，S_4 轴力系数波动幅度约为 8.25%/mm。而整个调整过程中的 S_1 和 S_2 轴力系数波动幅度小于 6%/mm，可忽略不计。

(4) 同时调节 S_2、S_3（工况 D），将对 S_1 和 S_4 轴力值造成较大影响，S_2、S_3 与 S_1、S_4 轴力变化趋势相反，其中 S_1 轴力系数波动幅度约为 11.25%/mm，S_2、S_3 轴力系数波动幅度约为 2.875%/mm，S_4 轴力系数波动幅度约为 4.25%/mm。

(5) 同时调节 S_2、S_4（工况 E），将对 S_1 和 S_3 轴力值造成较大影响，S_2、S_4 与 S_1、S_3 轴力变化趋势相反，其中 S_1 轴力系数波动幅度约为 16.875%/mm，S_2 轴力系数波动幅度约为 10.375%/mm，S_3 轴力系数波动幅度约为 9.375%/mm，S_4 轴力系数波动幅度约为 8.875%/mm。

(6) 同时调节 S_3、S_4（工况 F），将对 S_1 和 S_2 轴力值造成较大影响，S_1、S_3、S_4 与 S_2 轴力变化趋势相反，其中 S_1 轴力系数波动幅度约为 8.375%/mm，S_2 轴力系数波动幅度约为 6%/mm，S_3 轴力系数波动幅度约为 3.75%/mm，S_4 轴力系数波动幅度约为 3.25%/mm。

(7) 同时调节 S_2、S_3、S_4（工况 E），将对 S_1 轴力值造成较大影响，S_2、S_4 与 S_1 轴力变化趋势相反，其中 S_1 轴力系数波动幅度约为 10%/mm，S_2 轴力系数波动幅度约为 3.625%/mm，S_4 轴力系数波动幅度约为 3.875%/mm。而整个调整过程中的 S_3 轴力系数波动幅度小于 10%/mm，可认为轴力值保持稳定。

5.3.6 内支撑轴力与水平位移协调规律

不同调节方式下的支护体系最大轴力与最大水平位移之间的关系曲线（$F-x$ 协调规律曲线）如图 5-26 所示。

不同调节方式下对应的斜率绝对值为

$$\left|\frac{\Delta y_{(S_2)}}{\Delta x_{(S_2)}}\right| > \left|\frac{\Delta y_{(S_3)}}{\Delta x_{(S_3)}}\right| > \left|\frac{\Delta y_{(S_4)}}{\Delta x_{(S_4)}}\right| >$$

$$\left|\frac{\Delta y_{(S_2+S_4)}}{\Delta x_{(S_2+S_4)}}\right| > \left|\frac{\Delta y_{(S_2+S_3)}}{\Delta x_{(S_2+S_3)}}\right| > \left|\frac{\Delta y_{(S_3+S_4)}}{\Delta x_{(S_3+S_4)}}\right| >$$

$$\left|\frac{\Delta y_{(S_2+S_3+S_4)}}{\Delta x_{(S_2+S_3+S_4)}}\right| \quad\quad (5-6)$$

式中：Δy 为 $F-x$ 关系曲线中单调区间内纵坐标最大轴力的差值；Δx 为曲线中单调区间内横坐标最大水平位移的差值。斜率越小，表明此条件下的调节方式对支护体系受力的调节

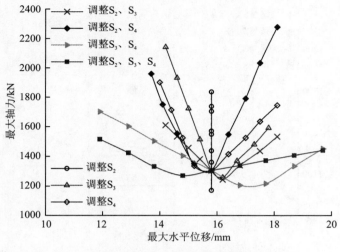

图 5-26　F-x 协调规律曲线

能力越强。本书条件下同时调节 S_2、S_3 和 S_4 可实现对支护体系受力最高效率的调节。

由图 5-26 可知，减小支撑长度将进一步增加地下连续墙水平位移，同时还将减小内支撑轴力；增加内支撑长度将有效抑制地下连续墙水平位移，同时还将增大内支撑轴力。由此可知，F 与 x 是一对具有相互制衡关系的协调关系参数组，不同支撑轴力下一定存在着不同的位移分布曲线。这也正是本书所强调的支护体系协调变形规律。

除此之外，并不是越苛刻的基坑地下连续墙位移控制水准，就越能实现极度的工程安全水平。任意一种调节方式下的支护体系都存在一个受力最优点。不管地下连续墙水平位移是大于还是小于该点的水平位移，都将引起支护体系轴力急剧增加。不同工况下对应的受力最优点如表 5-6 所示，散点图如图 5-27 所示。

表 5-6　受力最优点

工况	受力最优点(F-x)
工况 A	(1 171.7kN, 15.8mm)
工况 B	(1 258.5kN, 16.2mm)
工况 C	(1 304.9kN, 15.8mm)
工况 D	(1 243.6kN, 16.2mm)
工况 E	(1 304.9kN, 15.8mm)
工况 F	(1 205.8kN, 16.8mm)
工况 G	(1 270.3kN, 14.8mm)

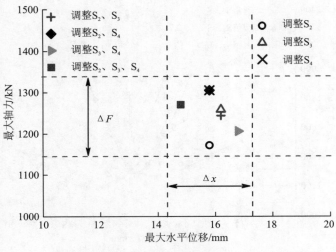

图 5-27 最佳受力点散点图

通过调节内支撑长度,将支护体系受力分别控制在$(F,F+\Delta F)$和$(x,x+\Delta x)$区间,将有利于提高支护体系利用效率,通过协调变形思想合理规范支撑轴力和位移,降低风险。上述研究内容对指导实际基坑工程设计与建设具有重要的借鉴意义。

书中的数值研究是在以深圳地铁 12 号线上川站基坑为原型工程的基础上进行的。实际上,笔者也考虑了特定案例的潜在局限特征。本书特定案例数值研究的主要目的是掌握工程实际背景下调节支撑长度时围护墙支护结构系统的协同变形特性,并通过文中提出的支护体系位移动态调节方法使支护体系受力、变形长期动态稳定保持在某个设定的最为合理的参数范围内。另外,第 5.3 节主要的研究内容是动态调节下的支护体系受力特性,实现了调整思想在工程数值研究上的初步应用,并总结了工程背景下的支护体系协调变形规律。尽管本书研究内容局限在单个实际工程研究上,但从研究结果来看,在本书研究的背景下我们仍然可以清晰地分析有别于传统伺服系统的支护体系动态调节方法作用机制及支护体系受力、变形特性。

探究不同轴力条件下的不同水平位移协调变形规律,将有利于解决实际工程设计与建设中的以下 3 个问题:①限定最大轴力条件下的地下连续墙水平位移合理值设计及其建设工作;②限定最大地下连续墙水平位移条件下的内支撑轴力合理值设计及其建设工作;③安全条件下的内支撑轴力与地下连续墙水平位移协调变形最优解设计及其建设工作。上述支护体系协调变形思想可为设计与施工提供思路上的借鉴。

5.4 支护体系协调变形理论分析

上述研究表明,轴力和位移是一对具有相互制约关系的协调变形关系组。本书支护体系协调变形动态调整方法的核心思路是通过控制内支撑的伸缩促使支护体系应力重分布，实现支护体系通过动态调整到达内支撑和地下连续墙受力性状都合理的最优区间内。

笔者在方案调整前须采用数值模拟方法对调整方案进行数值研究，并完成以下 2 项工作：①对设计方案进行校核，在根源上抑制设计弊端；②在最大允许值 S_0 和 F_0 的基础上进一步确定 n、m，并形成初始预警值，输入至 PC 端。本书贴合实际工程的支护体系动态调整方法实施过程如下所述。

步骤(1)：对地下连续墙水平位移 S 进行实时监测，判断其是否大于 $n \cdot S_0$。

步骤(2)：若位移 $S > n \cdot S_0$，且轴力监测数据 $F > m \cdot F_0$，则说明设计存在弊端，无法调节至预定区间，系统报警并采取应急预案。

若位移 $S > n \cdot S_0$，且轴力 $F < m \cdot F_0$，说明支撑轴力不足，则伸长支撑，并再次进入步骤(1)。

若位移 $S < n \cdot S_0$，且轴力 $F > m \cdot F_0$，说明支护体系局部应力集中，则缩短支撑，并再次进入步骤(1)。

步骤(3)：若位移 $S < n \cdot S_0$，且轴力 $F < m \cdot F_0$，说明支护体系受力符合预定要求，则保持目前支撑长度并继续施工，并再次进入步骤(1)且依次循环，直至施工结束。

此处首先应注意初设的 $n \cdot S_0$ 和 $m \cdot F_0$ 并非固定值，而是需要根据开挖情况及现场其他要求进行实时变化。其次笔者建议将基坑工程设计规范、监测规范中提供的最大允许值和设计允许值作为上限依据并以此确定 S_0 和 F_0，同时结合工程经验及数值模拟得出的最佳受力区间综合确定 n 和 m 值。由于基坑开挖过程中的位移和轴力控制技术受地质条件、周围环境、支护形式等诸多因素的影响，预警值 $n \cdot S_0$ 和 $m \cdot F_0$ 的精确性仍然值得进一步探索。

本书数值模拟研究了 4 层支撑结构体系的受力特性。然而，在工程实践中支撑系统可包括 5 层或更多层，结果也将存在很大的不同。基于此，笔者提出了一种适用于多种情况的分析模型，并以此作为指导工程实践的工具。

根据本书支护体系动态调整方法的思路，支撑长度调整后的内支撑模型可简述为"支撑弹簧"的边界模型。具体表述为

$$F_{\text{adjusting}, S_i} = E_{S_i} A_{S_i} (\delta_{S_i}^k - \delta_{S_i}^{k-1}) \tag{5-7}$$

式中：$F_{\text{adjusting}, S_i}$ 为 S_i 长度调整后的轴力；E_{S_i} 为支撑刚度；A_{S_i} 为支撑面积；$(\delta_{S_i}^k - \delta_{S_i}^{k-1})$ 为支撑压缩量。

弹性地基梁法将单位宽度的地下连续墙简化成弹性梁，坑内土体简化为土弹簧，坑外土体简化为水土压力。结合弹性地基梁简化模型（图 5-28），将边界条件代入可得支护系统的平衡方程为

$$[p] = ([K] + [K_m] + [K_s]) \times [D] \tag{5-8}$$

式中：$[p]$ 为初始墙后土压力矩阵；$[K]$ 为墙体刚度矩阵；$[K_s]$ 为支撑刚度矩阵；$[K_m]$ 为土弹簧刚度矩阵；$[D]$ 为位移变形矩阵。

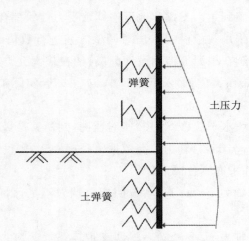

图 5-28 弹性地基梁模型示意图

本书内支撑体系调整过程中的平衡方程可以简化为

$$[p'] = [F_{adjusting,S_i}] + \lambda[\Delta_a]([K] + [K_m] + [K_S]) \tag{5-9}$$

式中：$[p']$ 为 S_i 调整后支撑体系承担的土压力矩阵；$\lambda[\Delta_a]$ 为内支撑长度伸缩变化矩阵，其中当支撑伸长时 $\lambda = 1$，当支撑缩短时 $\lambda = -1$。

最终墙体变形平衡方程为

$$([\Delta] + [\Delta_S] + \lambda[\Delta_a]) = ([p]) \times ([K] + [K_m] + [K_S])^{-1} \tag{5-10}$$

式中：$[\Delta]$ 为地下连续墙变形矩阵；$[\Delta_S]$ 为内支撑压缩变形矩阵；$\lambda[\Delta_a]$ 为内支撑长度伸缩变化矩阵。

由式(5-9)可得，内支撑长度变化矩阵 $\lambda[\Delta_a]$ 计算结果为

$$\lambda[\Delta_a] = \frac{([p'] - [F_{adjusting,S_i}])}{([K] + [K_m] + [K_S])} \tag{5-11}$$

联立式(5-10)和式(5-11)，并消去内支撑长度变化矩阵 $\lambda[\Delta_a]$，可得内支撑动态调整后的墙体变形平衡方程为

$$([\Delta] + [\Delta_S]) = \frac{([p] - [p'] + [F_{adjusting,S_i}])}{([K] + [K_m] + [K_S])}$$

$$([\Delta] + [\Delta_S]) = \frac{[p_{adjusting,S_i}]}{([K] + [K_m] + [K_S])} \tag{5-12}$$

式中：$[p_{adjusting,S_i}]$ 为内支撑 S_i 动态调整后的墙后水平土压力矩阵。

同时由式(5-12)可得,内支撑 S_i 动态调整后的墙后土压力矩阵为

$$[p_{\text{adjusting},S_i}] = ([p]-[p']+[F_{\text{adjusting},S_i}]) \tag{5-13}$$

5.5 本章小结

笔者针对地下连续墙支护体系中存在的实际变形及受力与理论设计值之间存在较大差异且施工时难以动态调整的问题,提出了支护体系协调变形智能调节方法,采用验证后的数值模型开展了地下连续墙支护体系协调变形规律研究,得出以下主要结论和建议。

(1) 提出贴合实际工程的支护体系受力变形动态调整方案。数值结果表明,该方法对开挖过程中和开挖结束后的支护体系动态调整具有很好的适应性和有效性。

(2) 支撑长度动态调整对地下连续墙支护水平位移分别有抑制和释放增加作用。支撑长度动态调整将引起本道支撑及相邻支撑轴力发生变化。单独调节 S_2、S_3、S_4,地下连续墙水平位移的影响范围分别为 $0 \sim 0.6H_e$、$0.3 \sim 0.8H_e$、$0.6 \sim 1.1H_e$。S_2、S_3、S_4 长度分别平均每变化 1mm 将依次引起 0.35mm、0.3mm、0.35mm 的最大水平位移变化量。S_2、S_3、S_4 同时调节时其长度平均每变化 1mm 将引起 0.5mm 的最大水平位移变化量。单支撑调节时自身轴力变化与上、下相邻支撑变化趋势相反,且调节过程中的内支撑轴力系数呈线性变化。以单独调节 S_3 为例,S_2、S_4 与 S_3 轴力反趋势变化,其中 S_1 轴力系数波动幅度约为 7%/mm,S_2 轴力系数波动幅度约为 6.75%/mm。

(3) 动态调整下的支护体系存在一个受力最优点,不管地下连续墙水平位移是大于或是小于该点的水平位移,都将引起支护体系轴力急剧增加。不同调节条件下最优点交会形成支护体系受力与变形最优区间,实际工程中应将支护体系变形及受力状况维持在最优区间内。本书所列工程的受力最优区间:最大水平位移为 15.8~16.8mm,最大轴力为 1 171.7~1 304.9kN。

(4) 提出一种支护结构动态调整下适用于多种情况的分析模型。基于墙体变形的平衡方程为:$([\Delta]+[\Delta_S]+[\Delta_a]) = ([p]) \times ([K]+[K_m]+[K_S])^{-1}$。

6 基坑内支撑调节对临近盾构始发井的影响规律

现有深基坑支护体系大多数采用地下连续墙+混凝土支撑或混合钢支撑,支撑为固定长度,鉴于施工人为因素以及地质参数复杂多变,基坑施工时的实际变形值往往与初始设计值之间存在较大差异,且这种差异在工程实际中难以调整,这不仅会导致基坑变形难以达到规范标准,而且很可能引起基坑支护体系失稳破坏,进而引发临近构筑物发生变形破坏(Lee et al.,1998;Xu et al.,2016;Cheng et al.,2017)。为了严格控制基坑自身变形及减小变形对周围影响,设计者在设计时常常会提高支护体系刚度,尤其是支撑的刚度(Tan et al.,2019)。此外,通过轴力伺服系统进行支撑轴力补偿也可减小基坑变形对临近盾构始发井的影响。这些措施在一定程度上能够减小基坑围护结构以及临近始发井的水平位移,但将导致内支撑轴力快速增大,使基坑围护结构和临近始发井受到的土压力和内力明显增大,部分弯矩急剧升高,引起施工风险(He et al.,2020)。因此,有必要研究支撑动态调整下基坑支护结构及临近始发井的受力变形规律,将临近始发井和基坑支护安全控制在预定的范围内。

本章采用室内模型试验探究了基坑近接盾构始发井施工全过程以及内支撑主动调控下基坑支护结构和临近始发井的受力特性,摸索了地下连续墙水平变形、墙后土压力、隧道周围土压力、隧道弯矩、始发井侧壁土压力、始发井弯矩等变化规律。随后通过数值模拟技术对基坑开挖及内支撑调节对临近始发井的影响进行了梳理分析,总结了地下连续墙水平位移、墙后土压力变化、始发井侧壁土压力、始发井位移等的变化特性,并对不同距离、不同高度条件下始发井位移和弯矩进行对比分析。

6.1 基坑-盾构始发井影响规律模型试验

6.1.1 模型试验与材料

试验模型箱三面采用厚度为10mm的Q235钢板,正立面采用厚度为10mm的钢化玻璃(图6-1),尺寸为1.5m×1.5m×1.0m(长×宽×高)。考虑到基坑开挖影响范围和边界效应,采用对称布置方案设计基坑模型并对模型箱左侧钢板加固。基坑开挖深度H_e为40cm,支护体系为地下连续墙内支撑组合形式。地下连续墙采用厚度为3mm的Q235钢板砌筑,长度为50cm,深度为60cm。内支撑采用直径为12mm的Q235圆形钢管安设,水平间距为6cm。围檩采用边长为20mm的Q235方形钢管设置。在内支撑杆件中部设置可伸缩构件,便于模拟内支撑的伸缩过程。试验模型中的每一道水平支撑都是将围檩、支撑杆件、长度伸缩调节装置焊接而形成的一个整体。沿基坑开挖方向从上至下依次设置4道内支撑,分别为S_1、S_2、S_3、S_4,上、下相邻支撑间距为10cm。始发井位于基坑右侧中部,距离地下连续墙最近处8cm,采用ABS塑料圆管材料制作而成,始发井深度为50cm,直径为14cm,壁厚为6mm。试验土体为均质砂土,实验测得的材料参数见表6-1。

图6-1 模型试验装置图

表6-1 材料参数

材料	泊松比 μ	密度 $\rho/(kg \cdot m^{-3})$	弹性模量 E/MPa	黏聚力 c/kPa	摩擦角 $\varphi/(°)$
砂土	0.31	1690	30	0	32
Q235钢	0.28	7800	200 000	—	—
ABS塑料	0.39	2500	2200	—	—

6.1.2 试验过程

试验测点布置方案如图6-2和图6-3所示,沿地下连续墙中部从上至下依次在其表面布置6对BX120-2AA型应变片用以监测地下连续墙实时应变,与地下连续墙顶端的距离依次为0.06m、0.16m、0.26m、0.36m、0.46m、0.60m。6个LY-350型应变式微型土压力盒(量程为100kPa,灵敏度为0.01kPa)用于监测墙后土压力,与地下连续墙顶端的距离依次为0.06m、0.16m、0.26m、0.36m、0.46m、0.56m。沿始发井深度方向上靠近基坑一侧布设

4对应变片及6个土压力盒,远离基坑面布设6个土压力盒,对称设置始发井左、右两侧土压力盒,两侧的土压力盒与始发井顶端的距离依次为0.03m、0.10m、0.20m、0.30m、0.40m、0.47m。按照预定方案先在地下连续墙内、外表面和始发井靠近基坑一侧的外表面粘贴应变片并布设温度补偿片。地表沿垂直地下连续墙方向依次布设6个千分表以统计地表土体竖向位移,千分表距离基坑侧壁由近及远依次为$0.1H_e$、$0.7H_e$、$1H_e$、$1.3H_e$、$1.6H_e$、$2H_e$,千分表的测头与预先布置好的金属薄片表面接触。

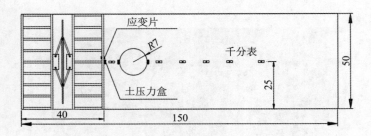

图6-2 试验模型俯视图(单位:cm)

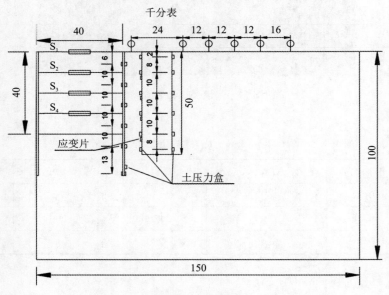

图6-3 试验测点布置图(单位:cm)

模型试验初始过程:按照拟定试验方案分别在地下连续墙和始发井表面粘贴应变片以及温度补偿片,对应变片作密封处理;向模型箱内均匀填砂压实,根据砂土的密度和体积进行称重并控制砂土的压实度,填至40cm厚度处安放地下连续墙,50cm高度处放置始发井,填砂压实并在预定深度位置布设土压力盒,每级填砂结束后,待土压力监测数值稳定后再进行下一次填砂;填土至模型箱顶部,依次安放千分表;模型静置24h后,对试验仪器设备进行调试检查并记录初始数据。

试验工况见表 6-2,基坑开挖(工况 A)步骤共分为 5 步:第 1 步开挖至 $-0.03\mathrm{m}$ 处,架设内支撑 $S_1(0.00\mathrm{m})$;第 2 步到第 4 步分别开挖至 $-0.13\mathrm{m}$、$-0.23\mathrm{m}$、$-0.33\mathrm{m}$ 处,依次架设内支撑 $S_2(-0.10\mathrm{m})$、$S_3(-0.20\mathrm{m})$、$S_4(-0.30\mathrm{m})$;第 5 步开挖至坑底 $-0.40\mathrm{m}$,每一次开挖并安放内支撑后均等候 40min,记录相关数据。

开挖基坑后即控制基坑内支撑进行伸缩,探究支撑主动调整下基坑及始发井受力、变形规律。在实际工程中,为了提高支护体系整体刚度和稳定性,第 1 道内支撑通常为钢筋混凝土内支撑,不能进行调节,考虑到工程实际,本次试验从第 2 道内支撑开始调节。工况 A 与其他任一内支撑调节工况(工况 B、C、D 和 E)合为一个标准试验工况。每组试验之间相互独立。之后按照上述步骤进行 8 组试验。完整试验工况如表 6-2 所示。

表 6-2 试验工况

一级工况	二级工况	基坑开挖步/m	对应支撑伸缩
A	Z1	0.03	—
	Z2	0.13	—
	Z3	0.23	—
	Z4	0.33	—
	Z5	0.40	—
B1	同工况 A		S_2 缩短 1mm
B2			S_2 伸长 1mm、2mm、3mm
C1	同工况 A		S_3 缩短 1mm
C2			S_3 伸长 1mm、2mm、3mm
D1	同工况 A		S_4 缩短 1mm
D2			S_4 伸长 1mm、2mm、3mm
E1	同工况 A		S_2 至 S_4 同时缩短 1mm
E2			S_2 至 S_4 同时伸长 1mm、2mm、3mm

6.2 基坑开挖过程对沉井影响规律

6.2.1 地下连续墙水平变形

根据地下连续墙上测点内、外侧应变差与变形后的曲率关系计算得出基坑开挖施工过程地下连续墙水平变形沿深度方向的分布规律,如图 6-4 所示。地下连续墙水平变形随着基坑开挖深度不断增大,总体上呈现"弓"字形分布,地下连续墙中部变形大于两端变形,变形最大点分布于基坑下部。当基坑开挖结束时,地下连续墙最大变形为 0.43mm,约为 1.08‰H_e。最大变形点所处深度为 0.36m,即 0.9H_e。

6.2.2 基坑周边地表沉降

基坑周围地表沉降与基坑开挖深度呈正相关关系,与距坑壁距离呈负相关关系(图 6-5)。试验砂土为无黏性土,地表沉降曲线近似呈三角形分布,沉降最大点位于基坑侧壁边缘。开挖到底部后基坑周边最大沉降为 0.67mm,约为 0.16%H_e。在工况 A-Z2 下地表沉降影响范围约为 1.0H_e,在工况 A-Z5 下影响范围扩大到 1.6H_e。在完成基坑开挖第 3 个步骤及接下来的各个阶段中沉降快速增大,高于前两个阶段,这可归因于完成基坑开挖第 3 个步骤后地下连续墙水平变形迅速增大,地层缺失加剧。

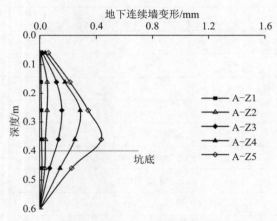 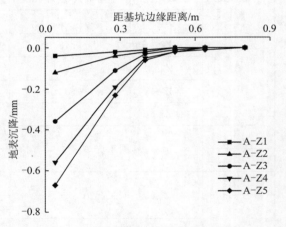

图 6-4 地下连续墙变形沿深度方向的分布规律　　图 6-5 基坑周边地表沉降变化

6.2.3 墙后土压力

墙后水平土压力变化规律如图 6-6 所示。地下连续墙墙后水平土压力总体上随深度的增加而增大。由于土体开挖卸荷作用,同一深度处墙后水平土压力随开挖深度的增加而减小。鉴于地下连续墙变形主要位于基坑中下部,此深度区域墙后水平土压力减小更快。地下连续墙变形最大位置处(0.9H_e),开挖结束时墙后水平土压力减小 36.11%。

6.2.4 始发井侧壁水平土压力

开挖过程对始发井侧壁土压力影响较小,开挖前后靠近基坑一侧水平土压力变化规律如图 6-7 所示,土压力随开挖深度增加而增大,开挖结束时约 1.1H_e 深度以上水平土压力均减小,其中 S_3 深度处减小 18.8%,S_4 深度处减小 15.7%。$1.1H_e$ 深度以下水平土压力增大,其中 $1.18H_e$ 深度处增长 2.96%。可能是基坑开挖过程中始发井发生了微弱旋转,其下部向基坑一侧位移,上部向远离基坑一侧位移,致使土压力呈现上减下增的趋势。

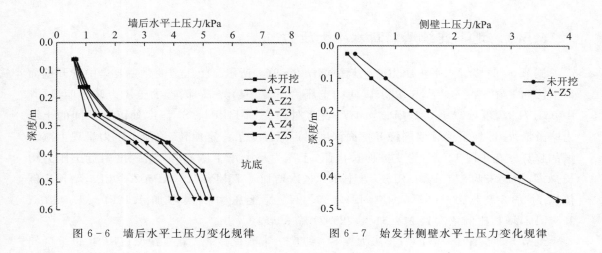

图 6-6　墙后水平土压力变化规律　　　　图 6-7　始发井侧壁水平土压力变化规律

6.2.5　始发井侧壁弯矩

首先监测始发井侧壁应变,然后根据材料力学等直梁弯矩计算理论计算出侧壁的弯矩。在基坑分层开挖过程中,始发井结构靠近基坑一侧的弯矩随深度变化(图6-8),正值表示向远离基坑侧弯曲,负值表示向基坑侧弯曲。在工况 A-Z1 下始发井弯矩均为很小的正值,且始发井上部和下部差别不大,即受初始侧向土压力作用而向远离基坑侧弯曲。在工况 A-Z1 下,由于仅开挖 0.03m,对始发井影响很小。随着基坑开挖的进行,弯矩变为负值,且绝对值呈增大趋势。由于地下连续墙向基坑内侧

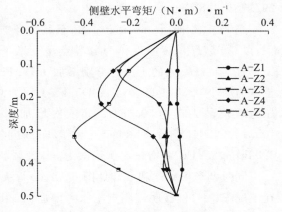

图 6-8　墙背侧壁弯矩变化

变形,土体产生向基坑侧运动,始发井产生与初始弯矩方向相反的弯矩。在工况 A-Z1 和 A-Z2 下弯矩变化不明显,随着开挖深度增加,在工况 A-Z3、A-Z4 和 A-Z5 下弯矩数值变化显著,其最大弯矩点所处深度位置不断下移。开挖至基坑底部时,最大弯矩点位于坑底和第 4 道内支撑之间,和前文中得出的地下连续墙最大变形位于此位置附近的结论相吻合。

6.3 内支撑调节对沉井影响规律

6.3.1 地下连续墙墙背水平土压力

调节 S_2 时墙背水平土压力变化规律如图 6-9(a)所示。土压力变化主要集中于开挖面以上区间。在工况 B1 下,S_4 以上区间的土压力呈减小趋势,S_2 附近的土压力减小明显,其中 $0.15H_e$ 深度处减小 0.13kPa,$0.4H_e$ 深度处减小 0.14kPa。S_4 深度处以下区间的土压力略微增大,即地下连续墙围绕开挖面深度附近点发生了一定偏转,致使土压力呈现上减下增的趋势。在工况 B2 下,受支撑伸长作用,土压力呈上增下减趋势,S_2 深度附近土压力增长最多,相比未调整工况,$0.15H_e$ 处土压力依次增加 0.75kPa、1.70kPa、2.50kPa,增长比例依次为 130.23%、294.93%、434.49%。$0.4H_e$ 处土压力依次增加 1.12kPa、1.78kPa、2.41kPa,增长比例依次为 141.71%、225.21%、304.19%。

调节 S_3 时[图 6-9(b)],土压力在 S_3 深度上、下变化显著。在工况 C1 下,S_4 以上区间的土压力同样表现为减小,其中 $0.40H_e$、$0.65H_e$ 处依次减小 0.18kPa、0.11kPa。S_4 以下区间的略有增大。在工况 C2 下,土压力均表现为增大,S_3 深度附近墙背土压力增长最为明显,其中 $0.4H_e$ 处依次增加 1.21kPa、2.36kPa、3.81kPa,增长比例依次为 151.99%、297.78%、480.90%。

当调节 S_4 时[图 6-9(c)],S_3 至基坑开挖面区间范围墙背土压力变化明显。在工况 D1 下,以 $0.65H_e$ 深度附近作为分界点呈上增下减趋势。上面 2 道支撑具有承压作用,其中 $0.15H_e$、$0.4H_e$ 处的土压力分别增加 0.19kPa、0.24kPa,S_4 以下区间无支承,$1.4H_e$ 处墙背土压力减小 0.34kPa。在工况 D2 下,土压力总体表现增长态势,坑底至 $0.65H_e$ 区间的土压力增长最为迅速,$0.65H_e$ 处依次增加 1.06kPa、2.08kPa、3.49kPa,增长比例依次为 105.15%、204.57%、343.64%。$0.9H_e$ 深度处墙背土压力达到最大,依次增加 1.35kPa、2.09kPa、3.21kPa,增长比例依次为 55.22%、85.57%、131.59%。

同时调节 S_2、S_3 和 S_4 时[图 6-9(d)],从上至下地下连续墙墙背土压力均有一定变化。在工况 E1 下,仅最底端测点土压力增加 0.19kPa,其余测点墙背土压力均表现为减小,其中 $0.9H_e$ 处减小最显著,达到 0.50kPa。在工况 E2 下,测点土压力均表现为增大,其中 $0.9H_e$ 处依次增加 1.35kPa、1.93kPa、2.82kPa,增长比例依次为 52.35%、78.91%、115.23%。

从上述试验结果发现,内支撑伸缩对当前支撑深度附近墙背土压力影响最大,土压力随支撑伸长而增大,随支撑缩短而减小。调节第 3 道内支撑时土压力变化率最高,调节第 4 道内支撑时局部土压力值达到最大,同时调节 3 道支撑时综合影响范围最广。

6.3.2 始发井侧壁弯矩变化

调节 S_2 时[图 6-10(a)],始发井弯矩变化主要位于 S_2 附近。在工况 B1 下,受 S_2 缩短

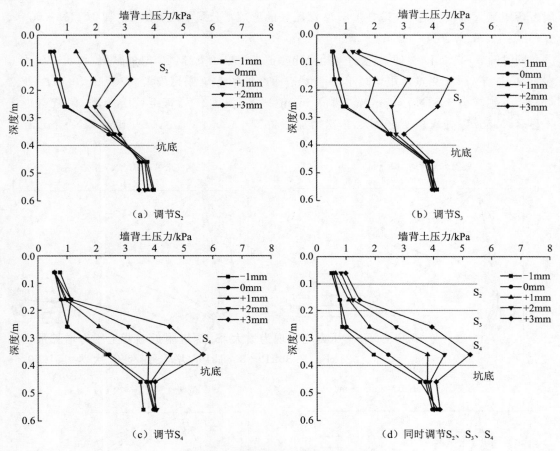

图 6-9 墙背水平土压力变化规律

影响,弯矩绝对值呈上增下减趋势,对始发井上部弯矩影响更大,约在 S_4 深度处以下始发井向远离基坑侧弯曲,S_4 深度处以上区间的始发井再次向基坑侧弯曲,表明始发井上部向基坑侧微弱偏转。在工况 B2 下,水平弯矩呈上增下减趋势,S_2 深度附近弯矩显著增大,由负值转变为正值,表明始发井上部在支撑伸长推动作用下向远离基坑方向位移,始发井围绕其中下段某点发生微弱转动。

调节 S_3 时,对 S_3 附近弯矩影响最大[图 6-10(b)]。在工况 C1 下,S_2 和 S_3 深度区间的弯矩显著变化,其中 $0.3H_e$、$0.55H_e$ 深度处分别减小 0.31N·m/m、0.36N·m/m。在工况 C2 下,S_3 附近弯矩随支撑伸长明显增大,其中 $0.55H_e$ 处增长值最大,依次增加 0.97N·m/m、1.82N·m/m、2.51N·m/m。$0.55H_e$ 以下区间的弯矩随深度增大而增长放缓,$1.05H_e$ 深度处弯矩已表现为减小。

调节 S_4 时,始发井弯矩变化范围和幅度均大于单独调节 S_2 或 S_3 时的数值[图 6-10(c)]。在工况 D1 下,约 $0.3H_e$ 深度以下的弯矩减小,$0.8H_e$ 深度处变化值最大,减小 0.35N·m/m,

$0.3H_e$ 深度以上的弯矩微弱增大。在工况 D2 下，弯矩随深度变化曲线呈"弓"字形，S_4 深度附近弯矩呈大幅增长趋势，其中 $0.8H_e$ 深度处的弯矩增长最明显，依次增加 1.24N·m/m、2.15N·m/m、3.08N·m/m。

同时调节 S_2、S_3 和 S_4 时，始发井弯矩变化幅值高于单道支撑调节时的数值[图 6 - 10(d)]。在工况 E1 下，所有测点弯矩均减小，S_3 和 S_4 深度处的弯矩变化最大，$0.55H_e$、$0.8H_e$ 处测点弯矩分别减小 0.64N·m/m、0.58N·m/m。在工况 E2 下，弯矩均增大，S_3 附近弯矩增长显著，$0.55H_e$ 处弯矩变化最大，依次增加 1.76N·m/m、3.10N·m/m、4.22N·m/m。

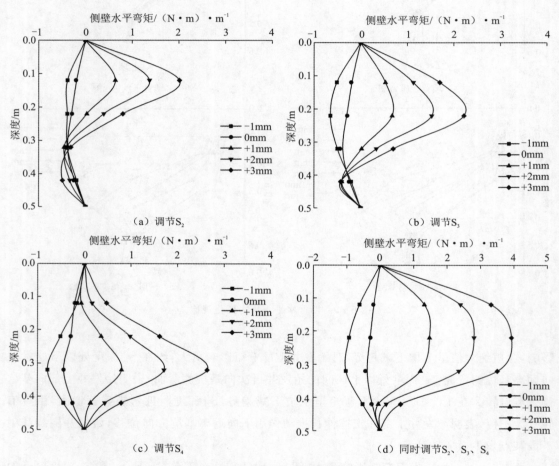

图 6 - 10 始发井侧壁弯矩变化规律

6.3.3 始发井侧壁水平土压力

调节 S_2 时，在工况 B1 下，始发井左侧壁水平土压力如图 6 - 11(a)所示。上部变化幅度大于下部，仅最底端测点微弱增大，其余测点土压力均出现不同程度的减小，S_2 测点土压力

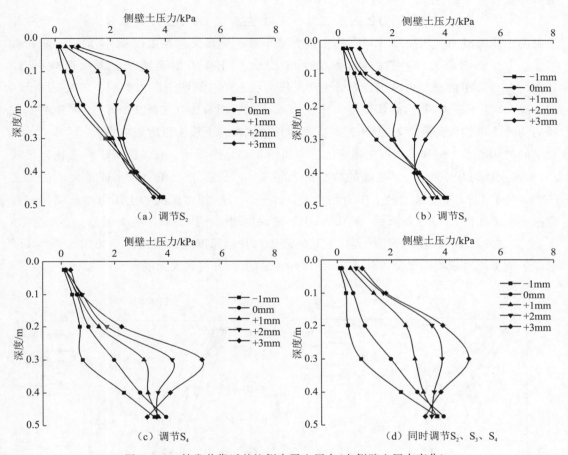

图 6-11 始发井靠近基坑侧水平土压力(左侧壁土压力变化)

减小比例达 44.24%。始发井右侧壁土压力同样减小,下部减小幅值大于上部[图 6-12(a)],表明始发井发生向基坑侧位移,且始发井下部位移略大于上部。在工况 B2 下,左侧壁约 S_4 深度处以上区间的水平土压力受影响较大,S_2 处的土压力增长值最大,依次增长 166.52%、324.55%、470.25%,始发井底端土压力微弱减小。右侧壁水平土压力呈上增下减趋势,约 $1.0H_e$ 深度以上的土压力增大,$1.0H_e$ 以下的土压力减小,可能是始发井发生了一定旋转,最大土压力位于 $0.75H_e$ 处。

调节 S_3,左侧壁土压力如图 6-11(b)所示。在工况 C1 下,约 $1.0H_e$ 深度以上的土压力均减小,其中 S_3 和 S_4 深度处受影响最明显,水平土压力分别减小 21.18%、28.71%。在工况 C2 下,始发井同样发生转动,约 $1.0H_e$ 深度以上的土压力快速增长,受影响最大的 S_3 深度处测点水平土压力依次增长 104.06%、187.76%、274.4%。右侧壁土压力如图 6-12(b)所示,在工况 C1 下,受支撑缩短影响,土体向基坑侧位移,所有测点土压力均减小,接近于主动土压力值,且始发井下部受影响大于上部。在工况 C2 下,土压力表现为上增下减,且随着支撑伸长长度增加,始发井旋转中心点深度位置不断下移。

调节 S_4 时,左侧壁土压力如图 6-11(c)所示,在工况 D1 下土压力表现为减小,始发井下部的土压力减小更明显,$0.75H_e$ 处土压力减小值达到最大。在工况 D2 下,S_4 深度处水平土压力受影响最大,随支撑伸长而快速增大,之后土压力增速随深度增大而减小,约 $1.1H_e$ 深度以下的土压力减小且靠近主动土压力状态。右侧壁土压力如图 6-12(c)所示,在工况 D1 下土压力减小,随深度增大土压力减小更为明显。在工况 D2 下,始发井水平土压力均随支撑伸长而呈增大趋势,同时支撑伸长对始发井下段土压力影响更大。

同时调节 S_2、S_3 和 S_4 时,左侧壁土压力如图 6-11(d)所示。在工况 E1 下,土压力均减小,中部土压力减小比上、下两端的减小更为明显,$0.75H_e$ 处土压力减小值最大。在工况 E2 下,约 $1.1H_e$ 深度以上的土压力均增大,$0.5\sim1.0H_e$ 深度区间的土压力增长明显。右侧壁土压力如图 6-12(d)所示,在工况 D1 下随深度增大土压力减小更为明显。在工况 D2 下,当支撑伸长 1mm 时,土压力呈上增下减趋势,约 S_4 深度处以上的土压力增大,S_4 深度处以下的土压力减小。当支撑伸长 2mm、3mm 时,土压力均表现为增大。

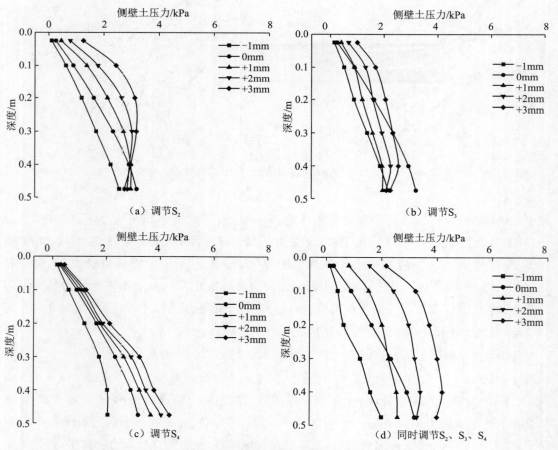

图 6-12 始发井远离基坑侧水平土压力(右侧壁土压力变化)

6.4 基坑-盾构始发井影响规律数值模拟分析

笔者采用 MIDAS GTS 软件,通过数值模拟方法来分析基坑开挖及支撑伸缩工况下基坑与始发井体系的位移和内力、土压力变化规律,主要从内支撑伸缩、基坑距始发井距离、始发井高度 3 个方面对体系位移和受力的影响进行研究。为了进一步深入讨论影响规律,采用 50∶1 的几何相似比对模型试验进行放大还原分析,即模型尺寸范围为 50m×25m×50m(长×宽×高),模型顶面为自由面,侧面设置水平约束,底面为固定约束。基坑开挖深度为 20m,基坑尺寸为 20m×25m×20m(长×宽×高)。内支撑材料采用 Q235 钢,直径为 609mm,壁厚 14mm。地下连续墙与始发井均采用 C35 混凝土材料设置,模拟单元采用板单元计算。地下连续墙深度为 30m,嵌固深度为 10m,墙厚为 0.36m。始发井外径为 7m,内径为 6.5m,厚度为 0.25m,高度为 25m,与基坑深度方向平行。计算模型如图 6-13 所示,材料参数见表 6-3。标准工况下基坑与始发井水平距离 4m,始发井高度 25m。

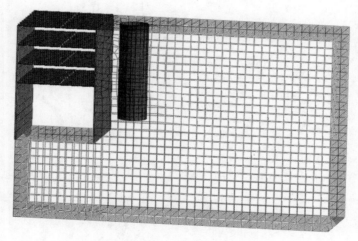

图 6-13 数值模型图

表 6-3 材料参数

材料	泊松比 μ	密度 $\rho/(kg \cdot m^{-3})$	弹性模量 E/MPa	黏聚力 c/kPa	摩擦角 $\varphi/(°)$
砂土	0.31	1690	30	0	32
Q235 钢	0.20	7800	200 000	—	—
C35 混凝土	0.167	2500	31 500		

6.5 不同支撑伸缩调节影响规律

6.5.1 地下连续墙水平位移

基坑开挖结束后地下连续墙水平位移如图 6-14 所示。同模型试验结果一样，地下连续墙水平位移近似呈"弓"字形，最大水平位移发生在基坑下部，靠近开挖面，处于 -18m 深度，即 $0.9H_e$，水平位移达到 14.1mm，约为 $0.7‰H_e$。由于地下连续墙底部未嵌固在基岩中，因此底部发生了一定程度位移。调节单道支撑时，该支撑深度地下连续墙水平位移受影响最大，其上、下相邻支撑深度区间水平位移变化明显，地下连续墙最大位移点的位置未发

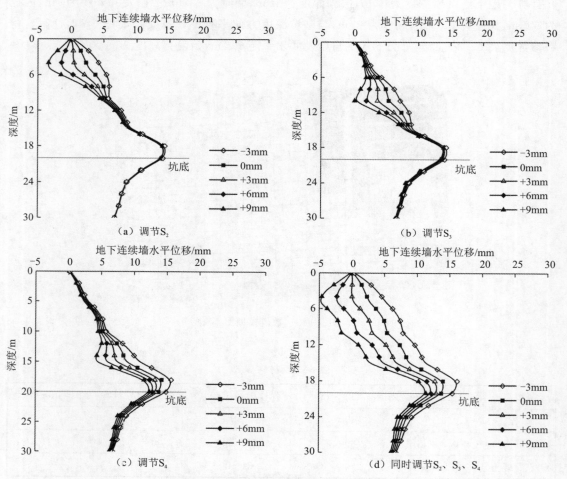

图 6-14 基坑开挖结束后地下连续墙水平位移

生改变。对 S_2 进行伸缩时,每伸缩 1mm, S_2 深度处位移约变化 0.7mm。对 S_3 进行调节时,每伸缩 1mm, S_3 深度处位移约变化 0.6mm。调节 S_4 时,每伸缩 1mm, S_4 深度处位移约变化 0.6mm。当同时调节 S_2、S_3、S_4 时,地下连续墙发生水平位移变化深度范围大于单道支撑调节时的变化深度范围,基坑开挖面以上至顶部区间的水平位移均发生明显变化,S_2 支撑所在深度受影响最大,支撑每伸缩 1mm,地下连续墙位移约变化 0.8mm。

6.5.2 始发井水平位移

始发井左侧靠近基坑侧水平位移如图 6-15 所示,以朝向基坑侧为正方向,可见开挖结束后(0mm 工况)始发井均产生向基坑方向水平位移,且位移随深度增加而增大,底部位移最大值达到 8.9mm。当单独进行 S_2 调节、S_3 调节或同时调节 S_2、S_3、S_4 时,始发井水平位移上部受影响更大。单独调节 S_4 时,始发井下部水平位移变化更为显著。单独调节 S_2、S_3、S_4 或同时调节 S_2、S_3、S_4 时,始发井最大水平位移依次为 0m、10m、18m、0m。

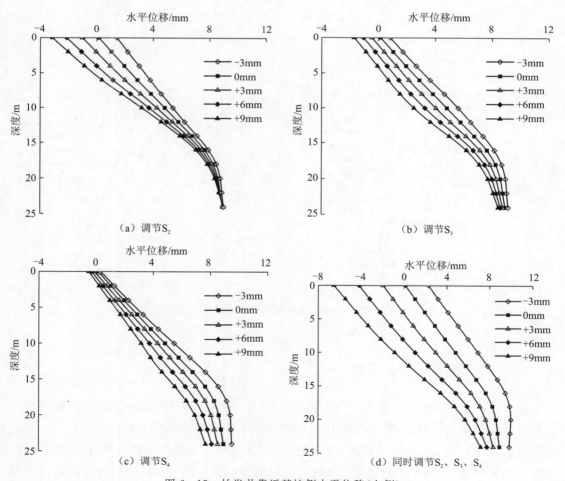

图 6-15 始发井靠近基坑侧水平位移(左侧)

始发井右侧远离基坑侧水平位移如图 6-16 所示，其与左侧水平位移变化相联系，位移随深度增大而增大，但小于左侧位移。当单独进行 S_2 调节、S_3 调节或同时调节 S_2、S_3、S_4 时，始发井水平位移上部受影响更大。而单独调节 S_4 时，始发井上、下部水平位移变化则趋于一致。

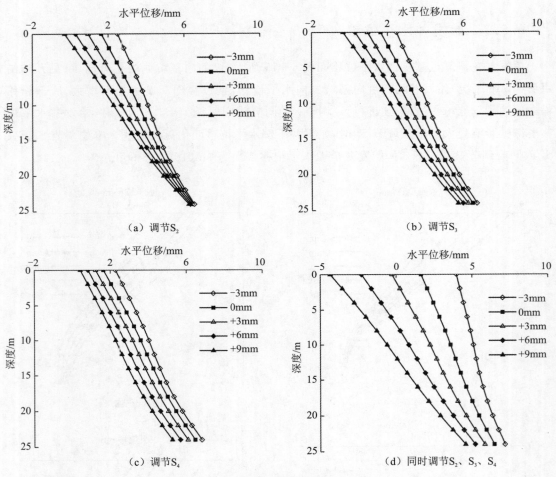

图 6-16 始发井远离基坑侧水平位移（右侧）

6.5.3 墙背水平土压力

地下连续墙墙背水平土压力变化规律如图 6-17 所示。基坑开挖结束后墙背水平土压力总体随深度增大而增大，但在深度 18m 处以及地下连续墙底部明显减小，深度 18m 处是地下连续墙发生最大水平位移位置，地下连续墙朝向基坑发生较大位移，使得该深度附近土压力呈现减小趋势，向主动土压力状态靠近。同模型试验一样，单道支撑伸缩时，该道支撑所在深度墙背水平土压力变化最显著,随支撑伸长而增大,随支撑缩短而减小。调节 S_2,在由缩短 3mm 到伸长 9mm 的工况条件下,5m 深度处墙背水平土压力变化值最大,达到 63.26kPa。调节 S_3 时,10m 深度处水平土压力变化值最大,达到 103.69kPa。调节 S_4 时,15m 深度处水平土压力变化值最大,达到 118.35kPa。同时伸缩 S_2、S_3、S_4 时,4~18m 深度区间墙背水平土压力受影响明显,其中 S_4 深度(15m)处墙背水平土压力变化值最大,达到 75.02kPa。

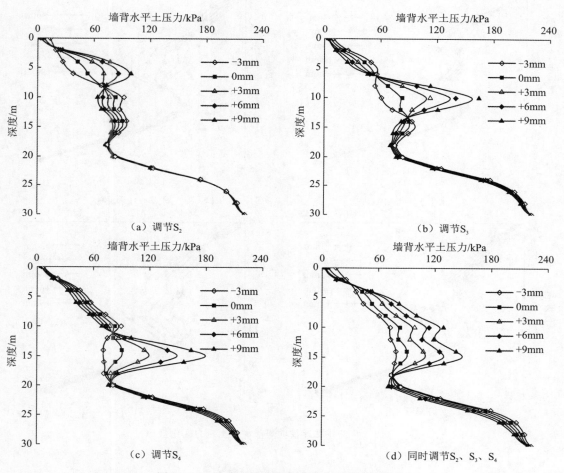

图 6-17 地下连续墙墙背水平土压力变化规律

6.5.4 始发井水平土压力

始发井靠近基坑侧壁水平土压力变化规律如图 6-18 所示,同墙背水平土压力变化规律相似,基坑开挖结束后水平土压力非严格地随深度增大而增大,而是在 S_4 深度处以下区间一定程度减小。由于地下连续墙在此深度附近产生朝向基坑侧较大的水平位移,土体位移直接影响到临近基坑的始发井侧壁水平土压力，16m($0.8H_e$)深度为转折点，此深度以下的水平土压力再次随深度增大。同模型试验一样，调节单道支撑时，本道支撑深度附近水平土压力变化最为显著；调节多道支撑时，4~18m深度区间水平土压力受影响明显，其中13m深度区间水平土压力变化值最大。

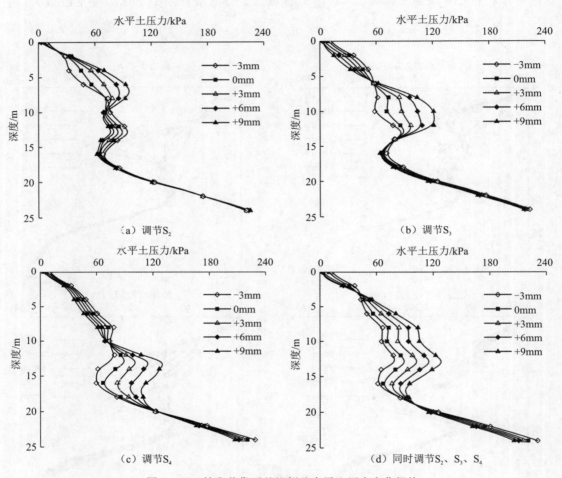

图 6-18　始发井靠近基坑侧壁水平土压力变化规律

6.6　基坑与始发井水平距离的影响规律

保持基坑数据不变，两组模拟的始发井高度均为25m，与基坑水平距离分别取4m、6m。由前文可知，基坑内支撑调整对始发井远离基坑侧的影响较小，因此在研究影响因素时，应对始发井左侧（临近基坑侧）的位移和受力特性进行分析。

6.6.1 始发井水平位移

始发井水平位移随基坑—始发井水平距离变化如表 6-4 所示，基坑共分 5 次开挖至 20m 深度，表中无调整工况即表示开挖完成，对应支撑调整工况均显示伸长 6mm，以朝向基坑方向位移为正。当基坑开挖结束时，距离基坑 6m 的始发井顶端（深度 0m）水平位移更大，但顶端以下剩余测点水平位移均小于距基坑更近者，同时水平距离 4m、6m 下的倾斜度（始发井顶底端水平位移差值绝对值与始发井高度的比值）依次为 0.36‰、0.30‰。可见，距离基坑越远，始发井水平位移受开挖施工影响越小，始发井倾斜度越低。不同距离不同支撑调整下始发井倾斜度变化如图 6-19 所示。当 S_2 伸长 6mm 时，始发井顶端点位均在支撑推动作用下发生向远离基坑方向位移，其余点位位移仍为正值。以深度 0m、5m 点位为例，距离 4m 时位移分别变化 2.27mm、1.86mm，距离 6m 时则依次变化 1.97mm、1.61mm，随距离增大，始发井水平位移变化值减小。距离 4m 时倾斜度为 0.45‰，距离 6m 时倾斜度为 0.38‰，小于前者。由于始发井水平位移集中在下部朝向基坑方向，因此当基坑上部的支撑伸长时，始发井倾斜度均有所增大，距离 4m、6m 时依次增大 0.09‰、0.08‰。当 S_3 伸长 6mm 时，深度 0m 的水平位移均为负值，距离小的始发井向右水平位移更大。距离 4m 时倾斜度为 0.39‰，距离 6m 时倾斜度为 0.33‰。调整 S_4 时，距离 4m、6m 时的倾斜度依次为 0.35‰、0.29‰。同时伸长 S_2、S_3、S_4 时，在支撑推动作用下始发井深度 0m 和 5m 处均产生朝向远离基坑侧位移，距离 4m 和 6m 时下倾斜度依次为 0.49‰、0.42‰。可见，调节下部单道支撑对于始发井的倾斜度修正更为有效，随距离增大，始发井水平位移和倾斜度总体呈减小趋势。

表 6-4 不同距离下始发井各点水平位移

内支撑及其工况	距离/m	深度/m					
		0	5	10	15	20	25
		水平位移/mm					
无调整	4	0.14	2.42	4.83	7.24	8.61	9.09
	6	0.54	2.35	4.35	6.29	7.28	7.98
调整 S_2	4	−2.13	0.56	3.71	6.73	8.44	9.17
	6	−1.43	0.74	3.29	5.72	7.03	7.97
调整 S_3	4	−1.06	1.03	3.28	6.16	8.01	8.81
	6	−0.58	1.07	2.99	5.25	6.65	7.65
调整 S_4	4	−0.32	1.70	3.74	5.82	7.50	8.35
	6	0.06	1.61	3.27	5.00	6.21	7.22
同时调整 S_2、S_3、S_4	4	−4.18	−1.72	1.07	4.22	6.68	8.09
	6	−3.58	−1.52	0.87	3.51	5.41	6.92

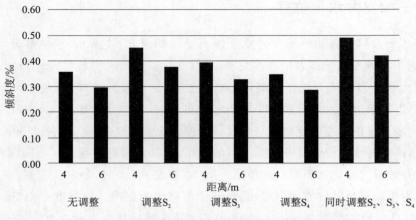

图 6-19 不同距离不同支撑调整下始发井倾斜度变化

6.6.2 始发井侧壁弯矩

在不同距离下始发井侧壁弯矩变化如表 6-5 所示，以朝向基坑方向弯曲为负值，远离基坑方向弯曲为正值。可知当基坑开挖结束后以及在单道支撑伸长工况下，不同距离下深度 0m 和 5m 弯矩均为正值，深度 10m 及以下弯矩为负值，即始发井浅上部向远离基坑侧弯曲，始发井中下部朝靠近基坑侧弯曲，不同距离下始发井弯矩变化趋势趋于一致。当多道支撑同时伸长时，深度 10m 及以上弯矩均为正值，弯矩受影响范围较单道支撑调整更广。深度 5m 和 25m 测点弯矩绝对值随距离增大而增大，深度 0m、10m、15m、20m 测点弯矩则随距离增大而减小。取始发井不同深度测点弯矩进行分析，如无调整工况下深度 0m、5m、20m、25m 测点不同距离下弯矩变化值依次为 0.41kN·m、−1.07kN·m、−5.72kN·m、−3.18kN·m，可见距离因素对始发井下部弯矩影响更大。

表 6-5 不同距离下始发井各点弯矩变化

内支撑 及其工况	距离/m	深度/m					
		0	5	10	15	20	25
		弯矩/(kN·m)					
无调整	4	12.43	4.44	−4.18	−15.64	−22.12	−10.31
	6	12.02	5.51	−3.18	−14.72	−16.40	−13.49
调整 S_2	4	17.34	9.68	−3.31	−17.24	−23.58	−11.07
	6	16.42	9.58	−2.15	−15.83	−17.65	−14.27

续表 6-5

内支撑及其工况	距离/m	深度/m					
		0	5	10	15	20	25
		弯矩/(kN·m)					
调整 S_3	4	11.41	5.39	-0.15	-15.10	-23.42	-11.60
	6	11.27	6.73	0.00	-13.20	-16.97	-14.70
调整 S_4	4	10.75	3.44	-3.62	-11.62	-20.97	-11.09
	6	10.18	4.68	-1.97	-11.58	-14.96	-13.89
同时调整 S_2、S_3、S_4	4	13.68	8.87	1.55	-10.71	-21.36	-11.90
	6	13.47	9.73	2.00	-10.68	-15.32	-14.45

6.7 始发井深度的影响规律

保持基坑参数不变,基坑与始发井水平距离为4m,在始发井高度为15m、25m、35m的情况下进行3组对照试验,始发井高度为唯一变量。不同高度代表不同实际情况,15m代表始发井高度小于基坑开挖深度,25m代表始发井高度大于基坑开挖深度且小于地下连续墙嵌固深度,35m代表始发井高度大于地下连续墙嵌固深度。同前文,笔者对始发井左侧(临近基坑侧)的位移和受力特性进行分析。

6.7.1 始发井水平位移

不同支撑伸长6mm时始发井水平位移随始发井高度的变化如表6-6所示。取始发井顶端(深度0m)测点进行分析,可见伸长不同支撑并未改变该测点位移绝对值的大小关系,始发井高度为35m时位移绝对值最大,其次为高度15m,高度25m时位移绝对值最小。由于始发井高度不同,底端所处深度不同。选取深度15m测点进行分析,可知不同始发井顶端、始发井底端位移随高度变化,水平位移随高度增大而减小,高度为35m时水平位移最小。基坑开挖结束时高度为15m、25m、35m的始发井倾斜度分别为0.67‰、0.36‰、0.26‰,始发井倾斜度随始发井高度增大而减小。调整 S_2 支撑伸长6mm时,高度为15m、25m、35m 的始发井倾斜度分别为0.83‰、0.45‰、0.33‰,S_3 伸长时始发井倾斜度分别为0.63‰、0.39‰、0.30‰。S_4 伸长时始发井倾斜度分别为0.53‰、0.35‰、0.27‰,同时伸长 S_2、S_3、S_4 时始发井倾斜度依次为0.71‰、0.49‰、0.38‰。可见,不同支撑调整工况下始发井倾斜度同样随高度增大而减小,伸长浅部支撑或同时伸长第2、第3、第4道内支撑使得始发井倾斜度增大,将深部支撑伸长可以在一定程度上减小始发井倾斜度(图6-20)。始发井在一定程度上类似于桩体,当其长度越大,底端进入土体深度越深,稳固性越好,底端水平位移受临近基坑施工影响越小,倾斜度越低。

表 6-6 不同高度下始发井各点水平位移

内支撑及其工况	距离/m	深度/m							
		0	5	10	15	20	25	30	35
		水平位移/mm							
无调整	15	−1.14	1.88	5.17	8.93	—	—	—	—
	25	0.14	2.42	4.83	7.24	8.61	9.09	—	—
	35	−1.47	0.73	3.06	5.14	5.96	5.71	6.15	7.60
调整 S_2	15	−3.88	−0.21	4.01	8.58	—	—	—	—
	25	−2.13	0.56	3.71	6.73	8.44	9.17	—	—
	35	−3.89	−1.21	1.90	4.56	5.67	5.57	6.12	7.67
调整 S_3	15	−1.99	0.60	3.47	7.46	—	—	—	—
	25	−1.06	1.03	3.28	6.16	8.01	8.81	—	—
	35	−2.92	−0.75	1.50	4.06	5.34	5.36	5.97	7.56
调整 S_4	15	−1.09	1.35	3.92	6.86	—	—	—	—
	25	−0.32	1.70	3.74	5.82	7.50	8.35	—	—
	35	−2.05	−0.05	1.95	3.73	4.89	5.05	5.76	7.40
同时调整 S_2、S_3、S_4	15	−5.31	−2.27	1.19	5.36	—	—	—	—
	25	−4.18	−1.72	1.07	4.22	6.68	8.09	—	—
	35	−5.94	−3.45	−0.72	2.10	3.98	4.58	5.57	7.42

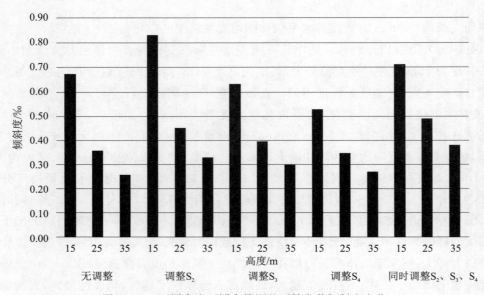

图 6-20 不同高度不同支撑调整下始发井倾斜度变化

6.7.2 始发井侧壁弯矩

不同支撑伸长 6mm 时始发井侧壁弯矩随始发井高度的变化如表 6-7 所示。取始发井顶端（深度 0m）测点进行分析，弯矩总体随始发井高度的增大而减小，始发井高度为 35m 时，其顶端弯矩明显小于高度为 15m 和 25m 时，高度为 15m 和 25m 时两者弯矩差距不大，深度 5m 测点弯矩变化趋势与此相似。所以，当始发井高度超过地下连续墙嵌固深度时，始发井浅上部弯矩明显减小。由于始发井高度不同，底端所处深度不同。选取深度 15m 测点进行分析，可知始发井底端弯矩大小同样随始发井高度增大而减小，在高度为 35m 时底端弯矩绝对值达到最小。不同的是顶端弯矩为正值，底端弯矩为负值，即始发井具有一定旋转趋势，上部向远离基坑方向位移，下部向靠近基坑方向位移，符合弯矩分布变化规律。

表 6-7 不同高度下始发井各点弯矩变化

内支撑 及其工况	距离/m	深度/m							
		0	5	10	15	20	25	30	35
		弯矩/(kN·m)							
无调整	15	12.47	3.85	−6.88	−18.31	—	—	—	—
	25	12.43	4.44	−4.18	−15.64	−22.12	−10.31	—	—
	35	4.82	−1.08	−6.33	−12.31	−4.85	−2.00	0.59	−4.17
调整 S_2	15	18.60	9.23	−6.30	−19.92	—	—	—	—
	25	17.34	9.68	−3.31	−17.24	−23.58	−11.07	—	—
	35	10.53	2.41	−6.14	−13.51	−5.33	−2.39	0.51	−3.96
调整 S_3	15	11.92	4.83	−2.52	−18.83	—	—	—	—
	25	11.41	5.39	−0.15	−15.10	−23.42	−11.60	—	—
	35	5.98	−0.53	−3.54	−12.28	−5.47	−2.54	0.37	−4.07
调整 S_4	15	9.75	2.14	−6.33	−12.18	—	—	—	—
	25	10.75	3.44	−3.62	−11.62	−20.97	−11.09	—	—
	35	3.76	−1.75	−6.31	−9.32	−4.83	−2.31	0.26	−4.40
同时调整 S_2、S_3、S_4	15	14.50	8.30	−1.25	−13.03	—	—	—	—
	25	13.68	8.87	1.55	−10.71	−21.36	−11.90	—	—
	35	8.07	1.66	−2.84	−9.10	−5.25	−2.75	−0.01	−4.21

6.8 本章小结

深基坑变形对临近构筑物影响不容忽视。目前针对深基坑施工对临近构筑物的主要保护措施之一是利用钢支撑轴力伺服系统，以控制围护结构水平位移，而内支撑伸缩调节对围护结构自身和临近构筑物受力特性的影响规律尚不明确。笔者通过数值模拟对基坑开挖和内支撑调节对临近始发井的影响进行了梳理分析，总结了地下连续墙水平位移、墙背土压力、始发井侧壁土压力、始发井位移等的变化特性，并对不同距离、不同高度条件下始发井位移和弯矩进行对比分析，得出以下结论。

（1）基坑开挖结束后地下连续墙最大水平位移发生在基坑下部，处于 18m 深度（$0.9H_e$），与前文试验规律相一致，最大水平位移达到 14.1mm，约为 $0.7‰H_e$。当进行单道支撑伸缩时，该支撑深度地下连续墙水平位移和墙背土压力受影响最大，但地下连续墙最大位移点的位置未发生改变。同时伸缩 S_2、S_3、S_4 时，S_2 支撑所在深度地下连续墙水平位移受影响最大，S_4 深度墙背土压力变化值最大。调节单道支撑时，本道支撑深度始发井侧壁水平土压力变化最为显著，土压力随支撑伸长而增大，随支撑缩短而减小。调节多道支撑时，13m（$0.65H_e$）深度始发井水平土压力变化值最大。基坑开挖结束后始发井均产生向基坑方向水平位移，且位移随深度增大而增大。当单独调节 S_2、S_3，或同时调节 S_2、S_3、S_4 时，始发井水平位移上部受影响更大。单独调节 S_4 时，始发井下部水平位移变化最显著。

（2）基坑开挖工况下，不同距离下始发井均产生朝向基坑侧水平位移。随距离增大，始发井顶端（深度 0m）水平位移增大，深度 5m 及以下水平位移减小，始发井倾斜度减小，同一点位水平位移变化值减小。在支撑伸长推动作用下，始发井顶端易产生远离基坑方向水平位移，距离基坑近者水平位移更大。调节下部单道支撑（S_4 伸长）对于始发井的倾斜度修正更为有效。当基坑开挖结束以及在单道支撑伸长工况下，不同距离下始发井上段（深度 0m 和 5m）弯矩均为正值，深度 10m 及以下弯矩为负值，不同距离下始发井弯矩变化趋势趋于一致。多道支撑同时伸长时弯矩受影响范围较单道支撑调整更广。不同距离对始发井下部弯矩影响更大。

（3）不同高度下始发井顶端水平位移从高到低依次为 35m、15m、25m，始发井底端水平位移随高度增大而减小。在基坑开挖及不同支撑调整工况下，始发井倾斜度随高度增大而减小，伸长浅部支撑或同时伸长第 2、第 3、第 4 道内支撑使得始发井倾斜度增大，将深部支撑伸长可以在一定程度上减小始发井倾斜度。基坑开挖及支撑伸长时始发井顶端弯矩总体随始发井高度增大而减小，当始发井高度超过地下连续墙嵌固深度时，始发井浅上部弯矩明显减小。始发井底端弯矩随始发井高度增大而减小。当伸长浅层内支撑时，始发井具有一定旋转趋势，上部向远离基坑方向位移，下部向靠近基坑方向位移。

7 基坑内支撑调节对临近隧道的影响规律

基坑施工会影响临近隧道围岩的应力状态和变形条件,破坏其既有平衡体系,致使周围地表沉降,使隧道发生变形、开裂,甚至引发安全事故。

诸多学者针对基坑开挖条件下坑隧受力变形规律进行了深入研究。魏纲等(2020)推导了基坑开挖卸荷引起的临近隧道附加荷载公式,指出在已有平衡下,隧道周围土压力表现为钟形分布。施工完毕后,隧道左、右两侧的围土压力均减小,但临近基坑开挖侧土压力减小幅值更大。高广运等(2010)采用FLAD3D数值模拟,研究指出基坑施工会导致临近隧道不对称变形,通过对基坑外土体二次加固可以降低影响,地基加固物、地下构筑物的固有坚硬性质可以阻断位移传递路径。章润红等(2018)研究认为当隧道埋深大于基坑深度时,在地下连续墙深度以上,隧道水平方向位移随着坑隧距离增大而减小;在地下连续墙深度以下,隧道水平方向位移随着坑隧距离增大而增大。徐晓兵等(2020)采用干砂土开展室内模型试验,研究了有无隔离桩及桩顶埋深工况下基坑开挖全过程中的围护结构位移、隧道的水平和竖向位移以及环向弯矩的变化规律。

上述研究工作对基坑临近隧道施工的设计具有重要指导意义,但是由于现场施工因素以及地质参数复杂多变,基坑施工时的实际变形值往往与初始设计值之间存在较大差异,且这种差异在工程实际中难以调整,这不仅会导致基坑变形难以满足规范要求,还会引发临近隧道受力变形超过规范限值。现有深基坑支护体系大多数采用地下连续墙加混凝土支撑或混合钢支撑,支撑为固定长度。为了严格控制基坑自身变形以及减小基坑变形对既有隧道的影响,设计师在设计时常常会提高支护体系刚度,尤其是支撑的刚度(Yoo and Lee,2008;Tan et al.,2019)。此外,通过轴力伺服系统进行支撑轴力补偿也可减小基坑变形对临近隧道的影响(Yoo and Lee,2008)。这些措施在一定程度上能够减小基坑围护结构以及临近构筑物的变形,但可能使得围护结构和构筑物局部内力和土压力明显增大,部分弯矩急剧增大,引起施工风险(Addenbrooke et al.,2000;贾坚等,2009)。

因此,现设计可调节内支撑基坑-隧道体系模型,通过模型试验研究基坑内支撑主动伸缩调节下基坑围护结构以及临近隧道的受力特性和变形规律。随后利用数值模拟技术对基坑开挖和内支撑调节对临近隧道的影响进行了梳理分析,总结了地下连续墙水平位移、墙背土压力变化、隧道周围土压力、隧道位移等的变化特性,并对不同距离、不同埋深条件下的隧道位移和弯矩进行对比分析,以期对实际工程中基坑-隧道体系的局部受力集中问题和变形控制提供指导。

7.1 基坑-隧道影响规律模型试验

7.1.1 试验模型及材料

试验模型箱尺寸为 1.5m×1.5m×1m(长×宽×高)(图 7-1),为保证模型箱整体强度及刚度,箱体三面采用厚度为 10mm 的 Q235 钢板制作并对左侧钢板加固,正视面采用厚度为 10mm 的透明钢化玻璃制作,便于试验观察。基坑支护体系采用地下连续墙内支撑支护形式,地下连续墙、内支撑、围檩材料均采用 Q235 钢砌筑,地下连续墙为长方体薄板,厚度为 3mm,宽度为 50cm,高度为 60cm。内支撑选用薄壁圆形钢管砌筑,直径为 12mm,间距为 6cm。围檩为方形钢管,截面尺寸为 20mm×20mm。试验模型中的每一道水平支撑由围檩、支撑杆件、长度伸缩调节装置通过焊接形成一个整体。基坑开挖深度为 40cm,开挖宽度为 50cm。施工人员在内支撑杆件中部设置可伸缩装置进行支撑的动态调整。沿基坑深度方向由上至下依次设置 4 道内支撑,间距为 10cm,编号分别为 S_1、S_2、S_3、S_4。隧道圆管材料采用 ABS 塑料,直径为 14cm,壁厚为 6mm。试验采用均质砂土模拟基坑土体。材料参数见表 7-1。

图 7-1 模型试验装置图

表 7-1 材料参数

材料	泊松比 μ	密度 $\rho/(kg \cdot m^{-3})$	弹性模量 E/MPa	黏聚力 c/kPa	摩擦角 $\varphi/(°)$
砂土	0.31	1690	30	0	32
Q235 钢	0.23	7800	200 000	—	—
ABS 塑料	0.39	2500	2200	—	—

7.1.2 试验过程

试验模型剖面图如图 7-2 所示,基坑支护采用内支撑与地下连续墙支护形式,隧道纵向平行于基坑长边方向,隧道拱顶埋深 d 为 18cm,隧道左拱腰与基坑距离 b 为 8cm。在地下连续墙表面设置 6 对应变片,墙后布设 6 个微型土压力盒,两者平行布置在地下连续墙同一高度位置,从上到下与地下连续墙顶的距离依次为 0.06m、0.16m、0.26m、0.36m、0.46m、0.56m。在隧道纵向中间位置设置数据监测截面,从拱顶开始每隔 30°布设 1 对应变片,将拱顶作为测点 1,逆时针计算共计 12 组应变片用以测量隧道弯矩,编号 1~12。同时在隧道拱顶、左右拱腰、拱底布置 4 个土压力盒以监测隧道四周土压力变化数据。在基坑侧壁沿远离基坑方向依次布设 8 个千分表(在地表分别水平放置金属薄片,与千分表指针接触),与基坑侧壁的距离依次为 $0.1H_e$、$0.25H_e$、$0.45H_e$、$0.7H_e$、$1.0H_e$、$1.3H_e$、$1.6H_e$、$2.0H_e$(H_e 为基坑开挖深度)。

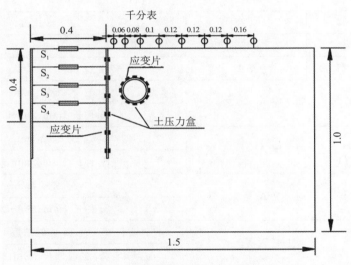

图 7-2 试验模型剖面图(单位:m)

按照拟定试验方案分别在地下连续墙和隧道表面粘贴应变片以及温度补偿片,对应变片作密封处理。向模型箱内均匀填砂并压实,根据砂土的密度和体积进行称重并控制砂土的压实度,填至 40cm 厚度处安放地下连续墙,然后逐级填砂压实并在既定位置放置土压力盒、隧道,每级填砂结束后,待土压力监测数值稳定后再进行下一次填砂。填砂土至模型箱顶部,依次安放千分表。在模型静置 24h 后,对试验仪器设备进行调试并记录初始数据。

基坑开挖共分为 5 步:第 1 步,开挖至 -0.03m(A-Z1),安放第 1 道内支撑,等待 40min,待数据稳定之后作记录;第 2 步至第 4 步,分别开挖至 -0.13m、-0.23m、-0.33m,依次安放第 2 道(A-Z2)、第 3 道(A-Z3)、第 4 道内支撑(A-Z4);第 5 步,开挖至坑底—

0.4m(A-Z5)。注意,每一次开挖并安放内支撑后均等待40min,记录相关数据,等待时间根据预试验综合确定。内支撑伸缩调整试验同样按此要求开展。

开挖工况后即控制基坑内支撑进行伸缩,探究内支撑主动调整下基坑及隧道受力、变形规律。由于实际工程中第1道内支撑多为混凝土支撑,试验中第1道内支撑不作调整。在工况B1条件下调控支撑S_2缩短1mm,等待5h,待数据稳定后记录相关数据。

上述试验过程即为第1组试验完整过程,基坑开挖工况和某次支撑长度调整工况合为1组试验。每1组试验均是独立的。之后按照上述步骤进行剩余7组试验。完整试验工况如表7-2所示。

表7-2 试验工况

一级工况	二级工况	基坑开挖步/m	对应支撑伸缩
A	Z1	0.03	—
	Z2	0.13	—
	Z3	0.23	—
	Z4	0.33	—
	Z5	0.4	—
B1	同工况A		S_2 缩短1mm
B2			S_2 伸长1mm、2mm、3mm
C1	同工况A		S_3 缩短1mm
C2			S_3 伸长1mm、2mm、3mm
D1	同工况A		S_4 缩短1mm
D2			S_4 伸长1mm、2mm、3mm
E1	同工况A		S_2、S_3、S_4 同时缩短1mm
E2			S_2、S_3、S_4 同时伸长1mm、2mm、3mm

7.2 基坑开挖过程对隧道影响规律

7.2.1 地下连续墙水平变形

基坑内土体的开挖将直接造成地下连续墙内、外侧受到不平衡土压力,墙体产生向基坑内侧的水平变形,直至产生新的应力平衡。地下连续墙外侧受到趋向于主动土压力作用,地下连续墙基坑内侧受到趋向于被动土压力作用。随着开挖深度的增大,地下连续墙内、外侧不平衡力加剧。

根据地下连续墙上应变片数值与曲率关系可知,基坑分层开挖下地下连续墙水平变形,大致呈"弓"字形分布(图7-3),地下连续墙最大变形随开挖深度的增大而增大,A-Z4、A-Z5工况阶段地下连续墙水平变形速率大于前3个阶段,后2个阶段最大变形分别为0.30mm、0.48mm。同时由于开挖深度的增加,最大变形所处位置也逐步向下移动,在A-Z1至A-Z5工况下最大变形所处深度依次为$0.4H_e$、$0.5H_e$、$0.65H_e$、$0.8H_e$、$0.9H_e$,开挖结束后地下连续墙最大变形约为$1.20‰H_e$。

7.2.2 基坑周围地表沉降

由于土体具有流变性,地下连续墙向基坑方向的位移变形会带动坑外土体发生变形,造成地层缺失,同时坑底土体由于上部土层的卸荷会产生隆起变形,变形作用传递到地表造成地表沉降。

基坑开挖施工过程中周围地表沉降变化规律如图7-4所示。受周边隧道影响,最大沉降位置不同于一般砂土地层出现在临近基坑最边缘,而是与基坑边缘保持一定距离,处于隧道位置的上方。沉降整体呈碟形,开挖到底时沉降最大值达0.33mm,约为$0.8‰H_e$,距离侧壁约为$0.45H_e$。基坑开挖卸荷引起的地表沉降随远离坑壁而减小,随开挖深度增大而增大。

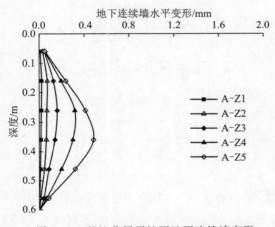

图7-3 基坑分层开挖下地下连续墙变形

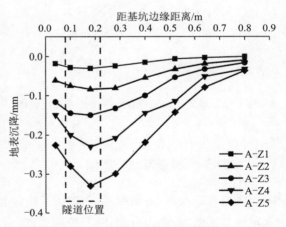

图7-4 周围地表沉降变化规律

7.2.3 墙背水平土压力

地下连续墙墙背水平土压力变化规律如图7-5所示,总体上看同一开挖工况下,土压力沿深度增大而增大。其中0.26m($0.65H_e$)深度以上土压力增长较慢,隧道所处深度以下墙背土压力增长迅速。在不同工况下,土压力随开挖深度增大而减小。下部土压力下降幅度高于上部的,深度 0.36m(0.9H_e)处土压力值在 A-Z1 至 A-Z5 工况下相对于未开挖工况下减幅依次为 4.36%、9.38%、14.36%、24.24%、31.47%。

7.2.4 隧道周围土压力

各开挖阶段隧道拱顶竖向土压力(p_U)、左拱腰水平土压力(p_L,靠近基坑一侧)、拱底竖向土压力(p_D)、右拱腰水平土压力(p_R,远离基坑一侧)的变化规律如图 7-6 所示。总体上看,底部竖向土压力较大,中部拱腰水平土压力次之。在侧方基坑卸荷影响下,左侧水平土压力减小幅度最大,前 4 个开挖阶段左拱腰水平土压力快速减小,相比于初始工况减幅依次为 2.56%、7.95%、17.75%、23.49%,在第 5 个开挖工况阶段的土压力相比前一工况有所回升。隧道顶部土压力先增大后减小。右拱腰水平土压力随基坑开挖先减小后增大,从工况开挖 1 到工况开挖 5,初始值减幅依次为 4.66%、6.98%、13.95%、4.65%、4.65%。

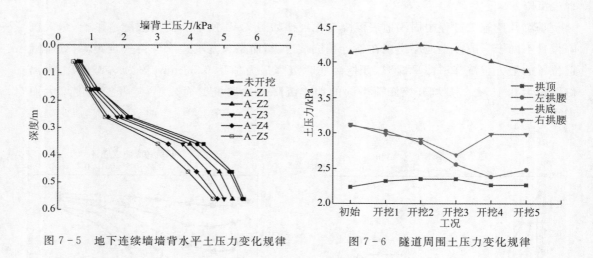

图 7-5 地下连续墙墙背水平土压力变化规律　　图 7-6 隧道周围土压力变化规律

7.2.5 隧道弯矩变化

隧道弯矩如图 7-7 所示,正值表示向内弯曲,负值表示向外弯曲,可知隧道拱顶和拱底弯矩皆为正值,即向内弯曲,随开挖深度越大,弯矩呈增大趋势,最大弯矩分别出现在监测点 1 和 7 位置上,拱底弯矩大于拱顶的;隧道左、右拱腰弯矩为负值,即向外弯曲,其绝对值同样随开挖深度增大而增大,最大值出现在监测点 4 和 10 位置上,表现为外侧受拉,说明隧道整体呈上下压缩、左右拉伸的状态。开挖结束后隧道整体存在左右不等的弯矩,监测点 2 的弯矩增长速率高于监测点 12 的,监测点 8 的弯矩大于监测点 6 的,判断隧道有发生向基坑方向的扭转趋势。

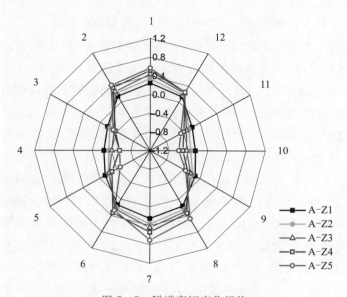

图 7-7 隧道弯矩变化规律

（单位为 kN·m，环向坐标表示测点编号）

7.3 内支撑调节对隧道影响规律

7.3.1 地下连续墙墙背土压力

（1）调节第 2 道内支撑长度，墙背土压力变化规律如图 7-8(a) 所示。在工况 B1 下，第 2 道内支撑至第 4 道内支撑深度区间墙背土压力有所降低，$0.4H_e$ 深度处的土压力减小幅度最大，达到 18.58%。第 4 道内支撑以下墙背土压力无显著变化；在工况 B2 下，第 4 道内支撑以上墙背土压力增长明显，位于第 2、第 3 道内支撑之间的 $0.4H_e$ 处增长最为明显，相比于未调整工况下增幅依次为 54.30%、83.80%、119.08%。第 4 道内支撑深度以下墙背土压力随支撑伸长总体微弱增大，局部点位的土压力减小，可能是由于地下连续墙发生了向内的挠曲变形。

（2）调节第 3 道内支撑长度，墙背土压力变化规律如图 7-8(b) 所示。在工况 C1 下，第 4 道内支撑以上，墙背土压力均减小，在由上至下 $0.15H_e$、$0.4H_e$、$0.65H_e$ 深度处减幅分别为 3.33%、23.4%、8.33%。第 4 道内支撑以下，墙背土压力均增大，在 $0.9H_e$、$1.15H_e$、$1.4H_e$ 深度处增幅分别为 4.55%、5.71%、7.14%。即地下连续墙围绕第 4 道内支撑附近中性点位发生偏转，其上部向基坑内挠曲且向主动土压力接近，其下部向基坑外偏转而靠近被动土压力，随深度增大土压力增长幅度越大；在工况 C2 下，第 3 道内支撑上、下深度范围内墙背土压力显著增长,其中$0.4H_e$处土压力增幅依次为113.22%、237.94%、413.33%,$1.15H_e$深度以下土压力表现为减小,其中$1.4H_e$处减幅依次为0.53%、1.41%、5.63%。

(3)调节第4道内支撑长度,墙背土压力变化规律如图7-8(c)所示。在工况D1下,第3道内支撑以下至$1.15H_e$深度范围内墙背土压力显著降低,其中$0.65H_e$处减幅最大,达到52.59%。地下连续墙围绕$1.15H_e$附近点位发生一定偏转,该点深度以下墙背土压力出现增大趋势,其中$1.4H_e$深度处土压力最大,增幅为6.25%。在工况D2下,$1.15H_e$以上深度范围内墙背土压力显著增大,其中$0.65H_e$处增幅依次为90.60%、186.17%、270.17%,$0.9H_e$处增幅依次为27.11%、41.23%、68.76%。

同时调节第2、第3、第4道内支撑,墙背土压力变化规律如图7-8(d)所示。在工况E1下,$1.15H_e$深度以上墙背土压力减小,其中$0.04H_e$处土压力减小幅度最大,达到38.51%。$0.9H_e$处土压力降低14.53%。$1.15H_e$深度以下至地下连续墙底部墙背土压力增大,$1.5H_e$处土压力增幅最大,达到3.86%。在工况E2下,地下连续墙围绕坑底附近一点发生转动,点位之上土压力皆表现为增大,基坑下部土压力增长幅度大于基坑上部的,其中$0.9H_e$深度处土压力相较于原始未调整工况下的增幅依次为26.32%、54.70%、92.15%。$1.4H_e$深度处墙背土压力则随支撑伸长而减小。

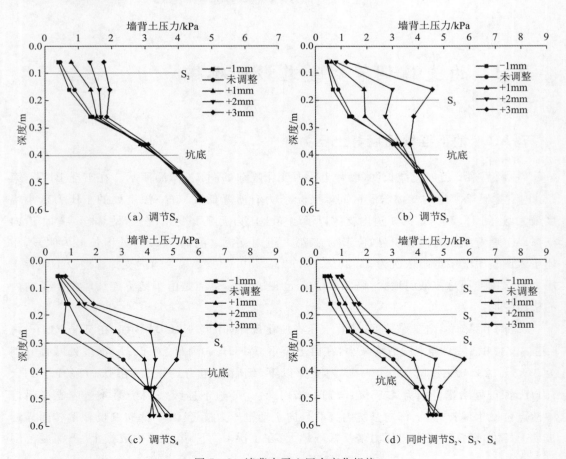

图7-8 墙背水平土压力变化规律

7.3.2 隧道周围土压力

（1）调节第 2 道内支撑长度，隧道周围土压力变化规律如图 7-9(a)所示。总体看左拱腰水平土压力变化较为明显。在工况 B1 下，隧道四周土压力均增大，其中左拱腰水平土压力增幅为 3.61%。在工况 B2 下，相比于未调整工况，伸长 3mm 时左拱腰水平土压力减幅为 2.56%，p_U、p_D、p_R 增大，右拱腰水平土压力增幅为 5.89%。

（2）调节第 3 道内支撑长度，土压力变化规律如图 7-9(b)所示。在工况 C1 下，仅左拱腰水平土压力增幅为 2.34%，p_U、p_D、p_R 均减小，对右拱腰水平土压力影响最小，无明显变化。在工况 C2 下，隧道四周土压力均增大，对拱顶竖向土压力影响最大，伸长 3mm 时土压力增幅为 14.99%，其次为左拱腰，土压力增幅为 11.47%，拱底竖向土压力增幅为 8.78%。右拱腰水平土压力受影响最小。

（3）调节第 4 道内支撑长度，土压力变化规律如图 7-9(c)所示。在工况 D1 下，左拱腰水平土压力、拱顶竖向土压力减幅分别为 2.63%、2.77%，右拱腰水平土压力、拱底竖向土压力

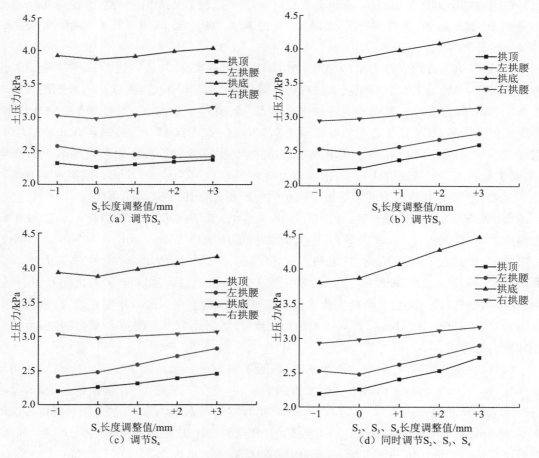

图 7-9　隧道周围土压力变化规律

微弱减小。在工况 D2 下,左拱腰土压力受影响最大,支撑伸长 3mm 时土压力增幅为 14.04%,拱顶土压力增幅为 8.68%,拱底土压力增幅为 7.45%。右拱腰水平土压力受影响最小。

(4)同时调节第 2、第 3、第 4 道内支撑,土压力变化规律如图 7-9(d)所示。在工况 E1 下,仅有左拱腰水平土压力微弱增大,拱顶、右拱腰、拱底土压力均减小,拱顶竖向土压力减幅为 2.90%。在工况 E2 下,拱顶竖向土压力和左拱腰土压力增长迅速,增幅分别为 20.49%、16.98%。拱底土压力增幅为 15.24%。右拱腰水平土压力增长率最小,土压力增幅为 6.29%。

7.3.3 隧道弯矩变化

(1)调节第 2 道内支撑长度,隧道初始弯矩大致呈"鸭蛋形"竖向椭圆分布,如图 7-10(a)所示。底部和顶部弯矩较大,中部较小。在工况 B1 下,弯矩总体形状变化不明显,监测点 2 和监测点 3 出现小幅内凹,监测点 2 的弯矩由正值转变为负值。在工况 B2 下,弯矩大致呈斜向"葫芦形"分布,监测点 2 和监测点 3、监测点 8 和监测点 9 快速增大呈凸出型,临近基坑侧的监测点 2 和监测点 3 的弯矩增长值大于对应的监测点 8 和监测点 9,表明支撑伸长对弯矩影响随距离增大而减小,监测点 5 和监测点 6、监测点 11 和监测点 12 的弯矩迅速减小呈内凹型。随着支撑伸长,监测点 3 的弯矩增长最明显,依次增大 0.68Nm、1.02Nm、1.29Nm。

(2)调节第 3 道内支撑长度,如图 7-10(b)所示。在工况 C1 下,监测点 3 和监测点 4 出现内凹,相比于初始工况下监测点 3 的弯矩绝对值增大 0.29Nm,监测点 4 的弯矩绝对值增大 0.17Nm,即监测点 3、监测点 4 受拉强度增大。监测点 6、监测点 12、监测点 1 向外凸出,即受压更为明显,其中监测点 6 的弯矩增大 0.33Nm。在工况 C2 下,监测点 3 和监测点 4、监测点 9 和监测点 10 的弯矩快速增大呈凸出型,在支撑伸长调控下由负弯矩转变为正弯矩,其中监测点 4 的弯矩变化最大,依次增大 0.99Nm、1.41Nm、1.79Nm。监测点 6 和监测点 7、监测点 12 和监测点 1 的弯矩迅速减小呈内凹型,由正值转变为负值。

(3)调节第 4 道内支撑长度,如图 7-10(c)所示。在工况 D1 下,监测点 4 和监测点 5、监测点 10 和监测点 11 出现明显内凹,弯矩绝对值依次增大 0.31Nm、0.30Nm、0.28Nm、0.21Nm。监测点 1 和监测点 2、监测点 7 和监测点 8 向外凸出,弯矩绝对值依次增大 0.31Nm、0.57Nm、0.37Nm、0.34Nm。在工况 D2 下,监测点 4 和监测点 5、监测点 10 和监测点 11 明显外凸,弯矩由负值转变为正值并逐步增大,监测点 5 的弯矩变化最大,依次增大 1.03Nm、1.46Nm、1.79Nm。监测点 1 和监测点 2、监测点 7 和监测点 8 呈内凹型,由正弯矩转变为负弯矩。

(4)同时调节第 2、第 3、第 4 道内支撑,如图 7-10(d)所示。在工况 E1 下,弯矩较初始值变化明显,上、下两端凸出,左、右拱腰内凹明显,隧道上下压缩、左右拉伸趋势加剧,监测点 1、监测点 7 的弯矩依次增大 0.52Nm、0.48Nm,监测点 4、监测点 10 的弯矩绝对值依次增大 0.52Nm、0.41Nm。在工况 E2 下,监测点 3 和监测点 4、监测点 9 和监测点 10 明显外凸,弯矩由负值转变为正值并逐步增大,监测点 4 的弯矩依次增大 1.26Nm、1.87Nm、2.35Nm。监测点 1、监测点 6、监测点 7 内凹明显,由正弯矩转变为负弯矩。

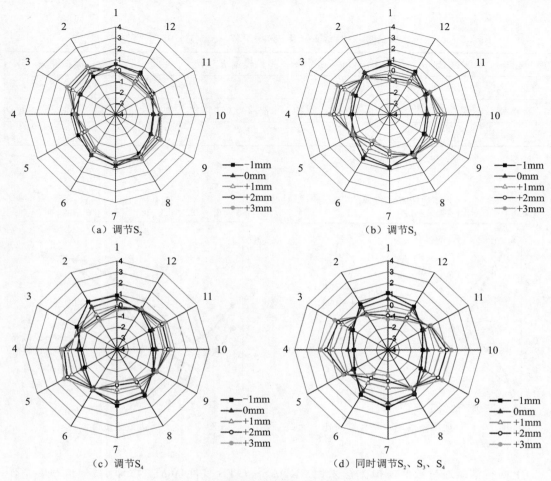

图 7-10 隧道弯矩变化规律(单位:kN·m)

7.4 基坑-隧道影响规律数值模拟分析

基于室内模型试验按 1∶1 尺寸建立三维数值模型,材料参数按表 7-3 设置,模型尺寸为 150cm×150cm×100cm(长×宽×高),基坑开挖尺寸为 50cm×40cm×40cm(长×宽×高),模型顶面为自由面,侧面设置水平约束,底面为固定约束。图 7-11 和图 7-12 分别为模型试验和数值模拟下地下连续墙水平位移结果、基坑周边地表沉降结果。地下连续墙水平位移沿基坑深度方向均呈"弓"字形,最大位移约位于 $0.9H_e$ 深度位置,最大水平位移差异幅度为 19.9%。地表沉降均呈勺形分布,随着距离基坑由近及远而先增大后减小,约距离基坑 $0.48H_e$ 处沉降达到最大值,最大沉降差异幅度为 20.8%。模拟结果和试验结果规律基本一致。

表 7-3 材料参数

材料	泊松比 μ	密度 $\rho/(kg \cdot m^{-3})$	弹性模量 E/MPa	黏聚力 c/kPa	摩擦角 $\varphi/(°)$
砂土	0.31	1690	30	0	32
Q235 钢	0.2C	7800	200 000	—	—
C35 混凝土	0.167	2500	31 500	—	—

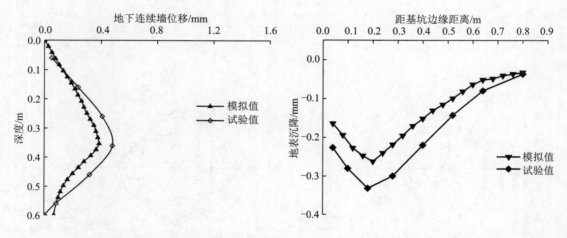

图 7-11 地下连续墙水平位移对比　　　图 7-12 周边地表沉降对比

下面将继续通过数值模拟方法采用 MIDAS-GTS 软件从内支撑伸缩、基坑与隧道距离、隧道埋深 3 个方面对基坑-隧道体系位移和受力的影响规律进行研究。为了反映实际工程情况，进一步深入讨论影响规律，将数值模型按照工程比例尺度进行模拟，采用 50:1 的几何相似比对模型试验进行放大还原分析，即模型尺寸为 50m×25m×50m（长×宽×高）。基坑开挖深度为 20m，基坑尺寸为 20m×25m×20m（长×宽×高）。同时，对支护体系构件按抗弯刚度等效原则、抗压刚度等效原则还原实际参数。内支撑材料采用 Q235 钢制作，直径为 609mm，壁厚为 14mm。地下连续墙与隧道衬砌均采用 C35 混凝土材料砌筑，模拟单元采用板单元计算。地下连续墙深度为 30m，嵌固深度为 10m，墙厚为 0.36m。隧道外径为 7m，内径为 6.5m，厚度为 0.25m，长度为 25m，与基坑平行。计算模型示意图如图 7-13 所示，材料参数见表 7-3。标准工况下基坑与隧道距离为 4m，隧道埋深为 9m。

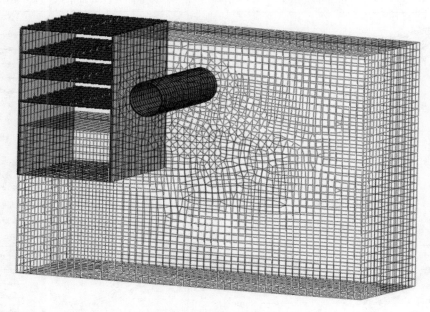

图 7-13 数值模型

7.5 不同支撑伸缩调节对隧道影响规律

7.5.1 地下连续墙墙背水平土压力

墙背水平土压力随深度变化规律如图 7-14 所示。基坑开挖完成后,墙背土压力总体随深度增大而增大,在 18m 深度附近明显减小,其原因可能是地下连续墙在此产生较大的水平位移,土体朝基坑方向运动,造成土压力趋近于主动土压力。同模型试验一样,当进行单道支撑的伸缩调整时,墙背土压力在该支撑深度附近发生明显变化;当同时调节多道支撑时,墙背土压力在 S_4 深度变化最明显。土压力随支撑伸长而增大,随支撑缩短而减小。调节 S_2 时,5m 深度处墙背土压力变化最大,达到 56.06kPa。调节 S_3 时,10m 深度处土压力变化最大,达到 84.16kPa。调节 S_4 时,15m 深度处土压力变化最大,达到 99.01kPa。同时调节 S_2、S_3、S_4 时,3～18m 深度范围墙背土压力均发生明显变化,其中 15m 深度处土压力变化最大,达到 66.71kPa。综上可知,调节 S_4 时墙背土压力变化最大。同时调节 S_2、S_3、S_4 时墙背土压力变化深度范围最广,但土压力变化范围并非最大。

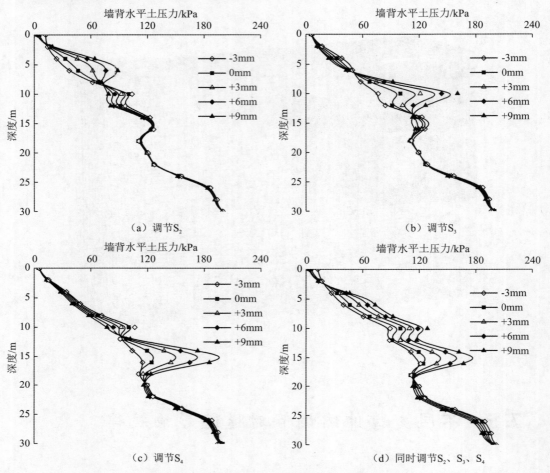

图 7-14 墙背水平土压力变化随深度变化规律

7.5.2 地下连续墙水平位移

地下连续墙水平位移变化规律如图 7-15 所示。同模型试验一样,基坑开挖完成后,地下连续墙最大水平位移位于基坑中下方,深度约为 18m 处 $(0.9H_e)$,最大位移达到 15.45mm,同时也解释了此深度附近墙背土压力减小的原因。由于地下连续墙并非嵌固在基岩中,地下连续墙底端发生了一定位移,这与模型试验中假设地下连续墙底端变形为零以通过应变片数值计算地下连续墙变形是有所不同的。当调节 S_2 时,0~10m 深度范围水平位移发生明显变化,S_2 深度处位移变化最大,达到 8.62mm。调节 S_3 时,5~15m 深度范围水平位移发生明显变化,S_3 深度处位移变化最大,达到 7.65mm。调节 S_4 时,10~20m 深度范围水平位移发生明显变化,S_4 深度处位移变化最大,达到 7.35mm。同时调节 S_2、S_3、S_4 时,0~20m 整个基坑开挖深度范围水平位移均发生明显变化,S_2 深度处位移变化最大,达到 10.22mm。

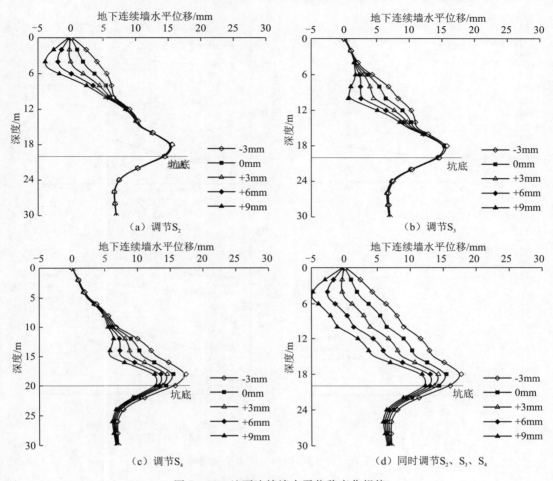

图 7-15 地下连续墙水平位移变化规律

7.5.3 隧道周围土压力

隧道周围土压力变化规律如图 7-16 所示。同模型试验一样,基坑开挖完成后,土压力大小为 p_D(拱底竖向土压力)$>p_R$(右拱腰水平土压力)$>p_L$(左拱腰水平土压力)$>p_U$(拱顶竖向土压力)。当 S_2 伸长时,左拱腰水平土压力持续减小,p_U、p_R、p_D 则持续增大。相较于初始未调整工况(0mm),支撑伸长 9mm 时 p_R 变化最大,增大 4.37kPa。S_2 缩短时,拱腰水平土压力和拱顶竖向土压力均增大,其中 p_L 受影响最大,增大 3.39kPa。S_3 伸长时,p_L、p_U、p_R、p_D 均增大,其中拱底竖向土压力增长最明显,达到 9.28kPa。S_3 缩短时,左拱腰水平土压力增大 1.69kPa,p_U、p_R、p_D 无明显变化。S_4 伸长时,同样拱底竖向土压力增长最明显,达到 9.90kPa。S_4 缩短时,p_R、p_D 增大,p_L、p_U 则表现为减小。同时伸长 S_2、S_3、S_4 时,拱底竖向土压力增长最明显,达到 19.98kPa。同时缩短 S_2、S_3、S_4 时,仅左拱腰水平土压力 p_L 增大,p_U、p_D、p_R 均减小,p_U 变化最明显,减小 2.28kPa。

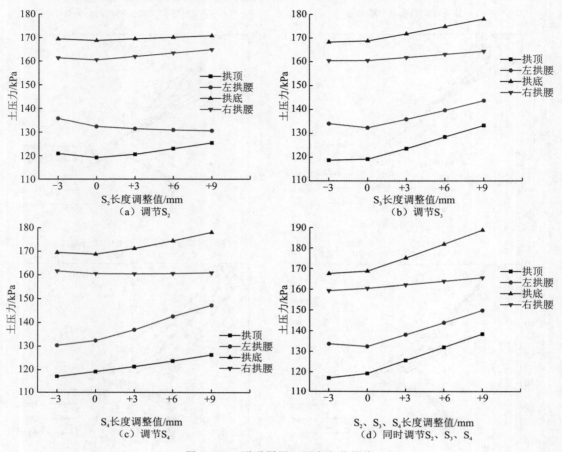

图 7-16 隧道周围土压力变化规律

7.5.4 隧道位移

基坑开挖以及支撑伸长 6mm 工况下隧道各点水平位移变化如图 7-17 所示,以向基坑方向位移为正。由图可知,隧道水平位移呈不规则圆形,左下侧位移突出。随着不同支撑伸长,隧道水平位移均实现一定程度的减小。调节 S_2 时水平位移控制效果最差,同时调节 S_2、S_3、S_4 时效果最优。取隧道上、下、左、右 4 个点进行分析,如图 7-18 所示,基坑开挖完成后,水平位移大小为 Δx_L(左拱腰)$> \Delta x_D$(拱底)$> \Delta x_U$(拱顶)$> \Delta x_R$(右拱腰)。当调节不同支撑伸缩时,隧道四周水平位移规律表现一致,即水平位移随支撑伸长而减小,随支撑缩短而增大。调节 S_2 时,Δx_U 受影响最大,支撑每伸缩 1mm,拱顶水平位移约变化 0.21mm。调节 S_3 时,Δx_L 受影响最明显,支撑每伸缩 1mm,左拱腰水平位移约变化 0.31mm。调节 S_4 时,左拱腰受影响最明显,支撑每伸缩 1mm,左拱腰水平位移约变化 0.34mm。同时调节 S_2、S_3、S_4 时,随支撑伸长,左拱腰和拱顶水平位移减小速度明显高于拱底和右拱腰,其中左拱腰变化最快,支撑每伸缩 1mm,左拱腰水平位移约变化 0.75mm。可见,调节浅部 S_2 支撑对隧道拱顶位移影响较大,调节中下部支撑则对隧道左侧拱腰水平位移影响更为明显,支撑伸缩调节下隧道四周水平位移呈线性变化。

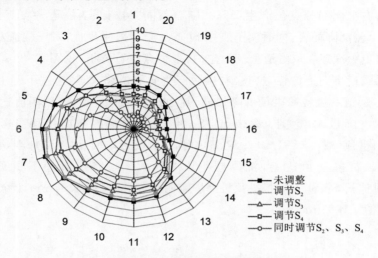

图 7-17 隧道各点水平位移变化规律(单位:mm)

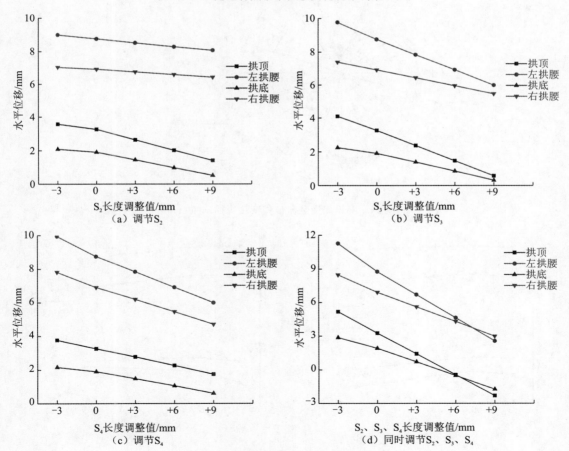

图 7-18 隧道四周水平位移变化规律

基坑开挖以及支撑伸长6mm工况下隧道各点竖向位移变化规律如图7-19所示,以向下沉降为负值,以向上为正值。由图可知,隧道竖向位移大致呈竖向"鸭蛋形",隧道总体位移以上浮为主,右上侧部分点位产生沉降。随着不同支撑伸长,隧道各点竖向位移变化不一。就隧道右上侧沉降而言,同时调节支撑 S_2、S_3、S_4 时效果最优,对于隧道左侧上浮而言,调节 S_3 时效果更为理想。取隧道上、下、左、右4个点进行分析,见图7-20,则基坑开挖完成后拱底、左拱腰产生向上位移,拱顶、右拱腰产生向下位移,即隧道左下侧上浮,右上侧沉降。S_2 伸长时,隧道右拱腰和拱顶沉降加剧,其中拱顶沉降最大,变化幅值达0.93mm。S_2 缩短时,左拱腰沉降最大,达到0.23mm。S_3 伸长时,左拱腰竖向位移受影响最大,减小0.8mm,其次为拱顶,减小0.71mm。S_3 缩短时,拱顶受影响明显,沉降加剧,变化0.66mm。S_4 伸长时,拱顶沉降有所改善,沉降减小0.87mm。S_4 缩短条件下拱顶沉降则增大1.27mm。同时伸长 S_2、S_3、S_4 时,拱顶沉降影响明显,沉降减小1.67mm,但当支撑缩短时,沉降同样快速增大1.85mm。

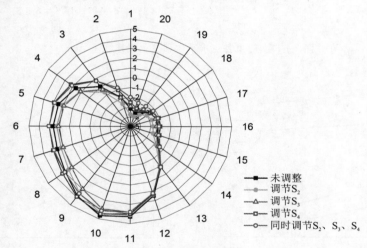

图7-19 隧道周围竖向位移变化规律(单位:mm)

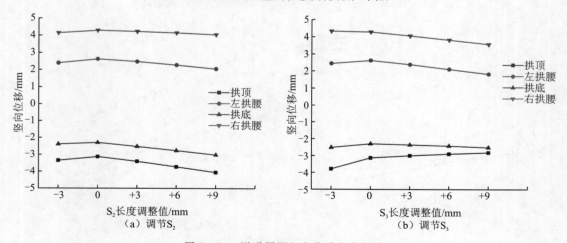

图7-20 隧道周围竖向位移变化规律

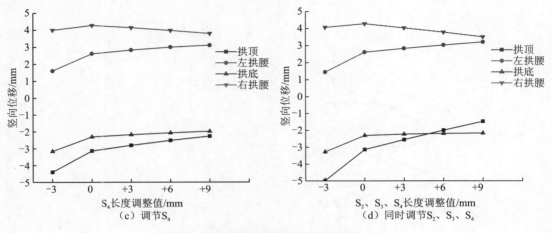

图 7-20 隧道周围竖向位移变化规律(续)

7.6 基坑与隧道水平距离影响规律

分析采用单一变量法,两组模拟隧道的埋深均为9m,隧道与基坑的距离分别为4m和6m,其余参数保持不变。由上节可知,同时调节 S_2、S_3、S_4 时对隧道造成的影响最明显,在本节中笔者将采用极坐标图对基坑开挖阶段和同时调节 S_2、S_3、S_4(本节支撑调整大小统一为伸长6mm)工况下的隧道位移、弯矩进行分析,同时取上、下、左、右4个点采用文字表格对不同距离下不同支撑调节进行分析。

7.6.1 对隧道水平位移的影响

由图 7-21 可知,不同距离下隧道总体位移趋势表现一致。由于地下连续墙中下部位移突出,因此基坑作业对隧道水平位移的影响主要体现在隧道左下侧。隧道上侧水平位移受距离因素影响很小,即使发生位移最大的左拱腰位移变化也并不大,距离对隧道水平位移的影响主要体现在隧道下半侧,水平位移随距离增大而减小。可能是由于地下连续墙发生最大水平位移点位于隧道下方附近,隧道的水平位移受下方土体应力传递影响较大,当水平距离改变时,受影响最大的依旧是隧道下侧。

由表 7-4 可知,基坑开挖完成后,隧道均发生向基坑侧的水平位移,位移大小排序为 $\Delta x_L > \Delta x_D > \Delta x_U > \Delta x_R$。随基坑与隧道水平距离的增大,$\Delta x_L$、$\Delta x_R$、$\Delta x_D$ 减小,即随距离增大左、右拱腰和拱底位移受基坑卸荷影响减弱,Δx_U 微弱增大,表明拱顶水平位移变化不同于拱腰和拱底。此后当依次调节 S_2、S_3、S_4 时,距离远者 Δx_U 大于距离近者,Δx_L、Δx_R、Δx_D 则距离近者大于距离远者。当同时调节 S_2、S_3、S_4 时,位移大小关系有别于单道支撑调节,随距离增大,左、右拱腰位移绝对值增大,拱顶和拱底位移绝对值则减小。

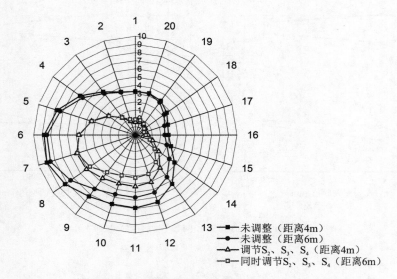

图 7-21 不同距离下隧道各点水平位移变化规律(单位:mm)

表 7-4 不同距离下隧道四周水平位移变化

内支撑及其工况	距离/m	水平位移变化量/mm			
		左拱腰	右拱腰	拱顶	拱底
无调整	4	8.76	1.91	3.26	6.91
	6	8.44	1.48	3.29	5.64
调整 S_2	4	8.29	0.97	2.02	6.59
	6	7.86	0.57	2.11	5.19
调整 S_3	4	6.92	0.85	1.47	5.96
	6	6.82	0.54	1.75	4.71
调整 S_4	4	6.92	1.06	2.27	5.46
	6	6.80	0.70	2.30	4.41
同时调整 S_2、S_3、S_4	4	4.63	−0.51	−0.44	4.30
	6	4.68	−0.77	−0.12	3.23

以无调整工况下水平位移为基准,各道支撑调节时水平位移相对于基准位移的增长率如表 7-5 所示,增长率为负值代表隧道位移在支撑伸长调控下得到了改善。可以看到,随距离不同,隧道 4 个点水平位移增长率表现不一。对于左拱腰和拱顶而言,水平位移增长率绝对值总体随距离增大而减小;对于右拱腰和拱底而言,水平位移增长率绝对值则随距离增大而增大。

表7-5 不同距离下支撑伸长隧道水平位移增长率

内支撑及其工况	距离/m	水平位移增长率/%			
		左拱腰	右拱腰	拱顶	拱底
调整 S_2	4	−5.37	−49.21	−38.04	−4.63
	6	−6.87	−61.49	−35.87	−7.98
调整 S_3	4	−21.00	−55.50	−54.91	−13.75
	6	−19.19	−63.51	−46.81	−16.49
调整 S_4	4	−21.00	−44.50	−30.37	−20.98
	6	−19.43	−52.70	−30.09	−21.81
同时调整 S_2、S_3、S_4	4	−47.15	−126.70	−113.50	−37.77
	6	−44.55	−152.03	−103.65	−42.73

7.6.2 对隧道竖向位移的影响

由图7-22可知,不同距离下隧道总体位移趋势表现一致,均呈不规则"鸭蛋形",测点13至测点18区间隧道竖向位移受距离因素影响很小,其余测点位移变化则具有一定规律性。随着距离增大,隧道相应测点上浮值减小,沉降增大。基坑土体开挖卸荷导致隧道受一定上浮力,当距离增大时,基坑对隧道的影响减弱,上浮力减小,致使隧道相应点位上浮值减小,下沉值加大。

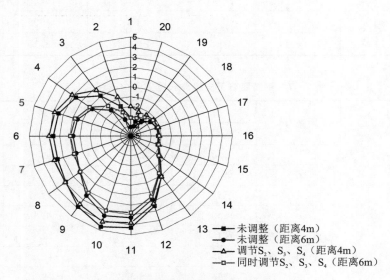

图7-22 隧道各点竖向位移变化规律(单位:mm)

选取隧道上、下、左、右 4 个点的竖向位移进行分析,见表 7-6。在基坑开挖和支撑调节各个工况下,4 个点位位移变化趋势相同,隧道左拱腰和拱底上浮值随距离增大而减小,右拱腰沉降随距离增大微弱减小,拱顶沉降随距离增大而增大。不同距离下隧道发生最大竖向位移所在的位置发生了改变,距离 4m 时拱底上浮,位移最大,距离 6m 时,拱顶下沉,位移最大,当进行单支撑或多道支撑调节时始终保持如此。在同一点位相同工况下,左拱腰竖向位移受距离因素影响最大,随距离增大上浮值减小最多。

以无调整工况下竖向位移为基准,各道支撑调节时竖向位移相对于基准位移的增长率如表 7-7 所示。可以看到随距离不同,隧道 4 个点位水平位移增长率表现不一。对于左拱腰和拱底而言,位移增长率绝对值总体随距离增大而增大;对于右拱腰和拱顶而言,位移增长率绝对值则随距离增大而减小。

表 7-6 不同距离下隧道四周竖向位移变化

内支撑及其工况	距离/m	竖向位移变化量/mm			
		左拱腰	右拱腰	拱顶	拱底
无调整	4	2.62	−2.3	−3.13	4.28
	6	0.67	−2.25	−4.1	3.28
调整 S_2	4	2.27	−2.77	−3.73	4.14
	6	0.18	−2.65	−4.64	3.06
调整 S_3	4	2.1	−2.43	−2.9	3.82
	6	0.27	−2.36	−3.9	2.86
调整 S_4	4	3.01	−2.06	−2.51	3.99
	6	1	−2.03	−3.49	3.08
同时调整 S_2、S_3、S_4	4	3.04	−2.18	−1.99	3.79
	6	0.94	−2.21	−3.15	2.78

表 7-7 不同距离下支撑伸长隧道竖向位移增长率

内支撑及其工况	距离/m	竖向位移增长率/%			
		左拱腰	右拱腰	拱顶	拱底
调整 S_2	4	−13.36	20.43	19.17	−3.27
	6	−73.13	17.78	13.17	−6.71
调整 S_3	4	−19.85	5.65	−7.35	−10.75
	6	−59.70	4.89	−4.88	−12.80
调整 S_4	4	14.89	−10.43	−19.81	−6.78
	6	49.25	−9.78	−14.88	−6.10
同时调整 S_2、S_3、S_4	4	16.03	−5.22	−36.42	−11.45
	6	40.30	−1.78	−23.17	−15.24

7.6.3 对隧道弯矩的影响

由图 7-23 可知,不同距离下隧道总体弯矩趋势表现一致,上下受压,左右受拉。由于弯矩数值本身较大,而不同距离下弯矩改变量相对较小,图中很难直观辨别出不同距离下弯矩差异性,同时表明水平距离对隧道弯矩的影响小于对隧道位移的影响。选取隧道上、下、左、右 4 个点弯矩变化进行表格对比,由表 7-8 可知,左拱腰和拱顶的弯矩绝对值随距离增大而增大,右拱腰和拱底的弯矩绝对值随距离增大而减小。随基坑与隧道水平距离的改变,4 个点弯矩绝对值大小关系保持不变,$M_U > M_R > M_D > M_L$。在同一点位相同工况下,左拱腰弯矩绝对值受距离因素影响最大,随距离增大而增大最多。以无调整工况下弯矩值为基准,各道支撑调节时隧道弯矩相对于基准弯矩的增长率如表 7-9 所示。可以看到随距离增大,弯矩增长率绝对值总体随距离增大而减小。

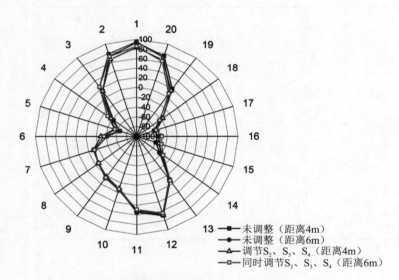

图 7-23 不同距离下隧道各点弯矩变化规律(单位:kN·m)

表 7-8 不同距离下隧道四周弯矩变化

内支撑及其工况	距离/m	弯矩变化量/(kN·m)			
		左拱腰	右拱腰	拱顶	拱底
无调整	4	−35.98	−58.33	93.73	54.34
	6	−41.51	−56.02	95.20	51.91
调整 S_2	4	−38.36	−59.74	95.48	56.06
	6	−43.24	−56.94	96.14	53.57

续表 7-8

内支撑及其工况	距离/m	弯矩变化量/(kN·m)			
		左拱腰	右拱腰	拱顶	拱底
调整 S_3	4	−31.69	−55.75	86.20	55.68
	6	−38.44	−53.54	89.06	52.29
调整 S_4	4	−31.65	−55.50	92.01	50.30
	6	−37.75	−53.40	92.75	48.77
同时调整 S_2、S_3、S_4	4	−29.16	−51.96	83.74	50.69
	6	−35.47	−50.40	86.08	48.70

表 7-9 不同距离下支撑伸长隧道四周弯矩增长率

内支撑及其工况	距离/m	弯矩增长率/%			
		左拱腰	右拱腰	拱顶	拱底
调整 S_2	4	6.61	2.42	1.87	3.17
	6	4.17	1.64	0.99	3.20
调整 S_3	4	−11.92	−4.42	−8.03	2.47
	6	−7.40	−4.43	−6.45	0.73
调整 S_4	4	−12.03	−4.85	−1.84	−7.43
	6	−9.06	−4.68	−2.57	−6.05
同时调整 S_2、S_3、S_4	4	−18.95	−10.92	−10.66	−6.72
	6	−14.55	−10.03	−9.58	−6.18

7.7 隧道埋深的影响规律

分析采用单一变量法，两种模拟中隧道与基坑的距离均为 4m，隧道的埋深分别为 6.5m、11.5m，其余参数保持不变。由 3.1 节可知，同时调节 S_2、S_3、S_4 时对隧道造成的影响最明显。笔者在本节中将采用极坐标图对基坑开挖阶段和同时调节 S_2、S_3、S_4（本节支撑调整大小统一为伸长 6mm）工况下的隧道位移、弯矩进行分析，同时取上、下、左、右 4 个点采用文字表格对不同埋深下不同支撑调节进行分析。

7.7.1 对隧道水平位移的影响

由图 7-24 可知，不同埋深下隧道总体位移趋势表现一致，当基坑开挖完成时，隧道各点均产生向基坑侧的水平位移,左拱腰附近位移最大。随隧道埋深的增大,水平位移增大,左拱腰处增大最明显,右拱腰处水平位移变化很小。由于地下连续墙中下部位移突出,埋深 11.5m 时隧道更接近地下连续墙最大位移深度,同时隧道所承受上方土压力随埋深增大而增大,所以隧道水平位移大幅增大,但是右拱腰处变化不明显。当支撑伸长时,埋深 6.5m 和 11.5m 的隧道水平位移均大幅减小,左拱腰处减小最多,分别减小 4.45mm、3.54mm,右拱腰处减小值小于左拱腰处。

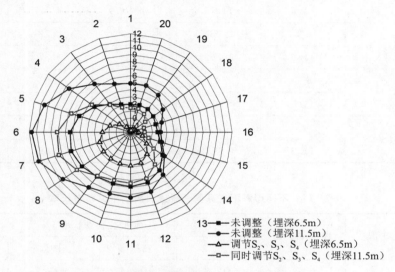

图 7-24 不同埋深下隧道水平位移变化规律(单位:mm)

由表 7-10 可知,基坑开挖完成后,隧道均发生向基坑侧的水平位移,位移排序为 $\Delta x_L > \Delta x_D > \Delta x_U > \Delta x_R$。随基坑与隧道水平距离的增大,$\Delta x_L$、$\Delta x_U$、$\Delta x_R$、$\Delta x_D$ 均增大。此后当依次调整支撑时,埋深大者水平位移依然大于埋深小者。对于左拱腰和拱底而言,同时调节 S_2、S_3、S_4 时隧道水平位移均达到最小;对于右拱腰和拱顶而言,埋深 6.5m 的隧道在调节 S_2 时位移最小,埋深 11.5m 的隧道在同时调节 S_2、S_3、S_4 时位移最小。

以无调整工况下水平位移为基准,各道支撑调节时水平位移相对于基准位移的增长率如表 7-11 所示,增长率为负值代表隧道位移在支撑伸长调控下得到了改善。可以看到随埋深的不同,隧道 4 个点位水平位移增长率表现不一。水平位移增长率绝对值总体随埋深增大而减小,个别点位水平位移增长率绝对值则随距离增大而增大。当隧道埋深为 6.5m 时,在调节 S_2、S_3 或同时调节 S_2、S_3、S_4 工况条件下隧道拱顶水平位移增长率绝对值最大,埋深为 11.5m 时,则隧道右拱腰水平位移增长率变化最大。

表 7-10　不同埋深下隧道四周水平位移变化

内支撑及其工况	埋深 H_e/m	水平位移变化量/mm			
		左拱腰	右拱腰	拱顶	拱底
无调整	6.5	6.35	1.73	1.96	5.87
	11.5	11.67	2.14	4.92	7.44
调整 S_2	6.5	5.21	0.65	0.22	5.28
	11.5	11.55	1.40	4.12	7.26
调整 S_3	6.5	3.96	0.74	0.28	4.57
	11.5	10.69	1.10	3.37	6.81
调整 S_4	6.5	5.23	0.85	1.28	4.46
	11.5	9.48	1.28	3.54	6.19
同时调整 S_2、S_3、S_4	6.5	1.9	−0.90	−1.86	2.78
	11.5	8.13	−0.05	1.46	5.41

表 7-11　不同埋深下支撑伸长隧道四周水平位移增长率

内支撑及其工况	埋深 H_e/m	水平位移增长率/%			
		左拱腰	右拱腰	拱顶	拱底
调整 S_2	6.5	−17.95	−62.43	−88.78	−10.05
	11.5	−1.03	−34.58	−16.26	−2.42
调整 S_3	6.5	−37.64	−57.23	−85.71	−22.15
	11.5	−8.40	−48.60	−31.50	−8.47
调整 S_4	6.5	−17.64	−50.87	−34.69	−24.02
	11.5	−18.77	−40.19	−28.05	−16.80
同时调整 S_2、S_3、S_4	6.5	−70.08	−152.02	−194.90	−52.64
	11.5	−30.33	−102.34	−70.33	−27.28

7.7.2　对隧道竖向位移的影响

由图 7-25 可知，当基坑开挖完成时，相比于埋深 6.5m 的隧道，埋深 11.5m 的隧道拱腰位移无明显变化，拱顶附近下沉和拱底附近上浮值显著增大。当支撑伸长时，埋深小者左、右拱腰处上浮值更大，埋深大者拱顶附近下沉值更大，测点 8 至测点 13 拱底附近埋深大者上浮值更大。基坑土体开挖卸荷导致隧道受一定上浮力，当距离增大时，基坑对隧道的影响减弱，上浮力减小，致使隧道相应点位上浮值减小，下沉值加大。

7 基坑内支撑调节对临近隧道的影响规律 | 157

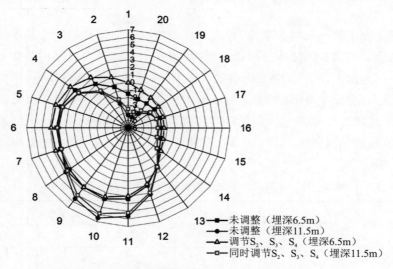

图 7-25　不同埋深下隧道各点竖向位移变化规律(单位:mm)

选取隧道上、下、左、右4个点的竖向位移进行分析,见表7-12。在基坑开挖和支撑调节各个工况下,4个点位位移变化趋势基本相同,隧道左拱腰上浮值总体随埋深增大而减小,Δy_R、Δy_U、Δy_D绝对值则随埋深增大而增大。对于左拱腰而言,埋深6.5m的隧道在调节S_2时隧道竖向位移达到最小值,埋深11.5m的隧道在调节S_3时位移控制效果最好。对于右拱腰而言,埋深6.5m的隧道在同时调节S_2、S_3、S_4时位移最小,埋深11.5m的隧道在调节S_4时位移控制最优。对于拱顶而言,在同时调节S_2、S_3、S_4时隧道位移均达到最小值。对于拱底而言,埋深6.5m的隧道在调节S_3时位移最小,埋深11.5m的隧道在同时调节S_2、S_3、S_4时位移最小。

表 7-12　不同埋深下隧道四周竖向位移变化

内支撑及其工况	埋深 H_e/m	竖向位移变化量/mm			
		左拱腰	右拱腰	拱顶	拱底
无调整	6.5	3.17	−1.74	−1.49	3.35
	11.5	2.93	−2.14	−4.31	5.66
调整 S_2	6.5	2.72	−2.1	−1.68	3.03
	11.5	2.73	−2.59	−4.96	5.64
调整 S_3	6.5	2.99	−1.71	−0.84	2.73
	11.5	2.43	−2.41	−4.55	5.45
调整 S_4	6.5	3.56	−1.46	−1.17	3.36
	11.5	3.08	−1.99	−3.56	5.25
同时调整 S_2、S_3、S_4	6.5	3.84	−1.41	−0.04	2.98
	11.5	3.05	−2.22	−3.53	5.20

以无调整工况下竖向位移为基准,各道支撑调节时竖向位移相对于基准位移的增长率如表 7-13 所示。可以看到随隧道埋深不同,隧道 4 个点位竖向位移增长率表现不一。当调节 S_2 时,不同埋深下均为 Δy_R 受影响最大,增长率为正值。当调节 S_3 时,埋深 6.5m 时对 Δy_U 影响最大,增长率为负值,埋深 11.5m 时对 Δy_L 影响最大,同样为负值。当调节 S_3 时,埋深 6.5m 时对 Δy_U 影响最大,增长率为负值,埋深 11.5m 时对 Δy_L 影响最大,同样为负值。当调节 S_4 或同时调节 S_2、S_3、S_4 时,不同埋深下均为 Δy_U 影响最大,增长率为负值。

表 7-13 不同埋深下支撑伸长隧道四周竖向位移增长率

内支撑及其工况	埋深 H/m	竖向位移增长率/%			
		左拱腰	右拱腰	拱顶	拱底
调整 S_2	6.5	−14.20	20.69	12.75	−9.55
	11.5	−6.83	21.03	15.08	−0.35
调整 S_3	6.5	−5.68	−1.72	−43.62	−18.51
	11.5	−17.06	12.62	5.57	−3.71
调整 S_4	6.5	12.30	−16.09	−21.48	0.30
	11.5	5.12	−7.01	−17.40	−7.24
同时调整 S_2、S_3、S_4	6.5	21.14	−18.97	−97.32	−11.04
	11.5	4.10	3.74	−18.10	−8.13

7.7.3 对隧道弯矩的影响

由图 7-26 可知,不同埋深下隧道总体弯矩趋势表现一致,拱顶和拱底弯矩为正值,左、右拱腰弯矩为负值,即上下受压,左右受拉。弯矩图上下外凸、左右内凹加剧,拱顶弯矩增长量明显大于拱底。不同埋深下,同时伸长 S_2、S_3、S_4 对隧道下侧弯矩影响均较小。选取隧道上、下、左、右 4 个点弯矩变化进行对比,由表 7-14 可知,左、右拱腰弯矩始终为负值,弯矩绝对值随埋深增大而增大,拱顶和拱底的弯矩值随埋深增大而增大。随隧道埋深的改变,4 个点的弯矩绝对值大小关系保持不变,依次为 $M_U > M_R > M_D > M_L$。在同一点位相同工况下,拱顶弯矩绝对值受埋深因素影响最大,随埋深增大而增大最多。

7 基坑内支撑调节对临近隧道的影响规律

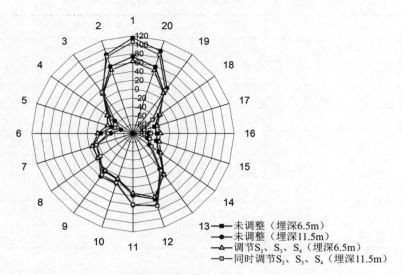

图7-26 不同埋深下隧道各点弯矩变化规律(单位:kN·m)

表7-14 不同埋深下隧道四周弯矩变化

内支撑及其工况	埋深 H_e/m	弯矩变化量/(kN·m)			
		左拱腰	右拱腰	拱顶	拱底
无调整	6.5	−29.80	−47.31	73.39	38.77
	11.5	−51.87	−65.55	115.53	60.83
调整 S_2	6.5	−30.54	−46.83	68.98	40.45
	11.5	−54.40	−67.65	119.68	62.51
调整 S_3	6.5	−22.04	−43.32	65.50	37.41
	11.5	−53.07	−65.27	111.99	62.53
调整 S_4	6.5	−31.01	−45.80	74.27	35.18
	11.5	−44.37	−62.07	110.31	58.36
同时调整 S_2、S_3、S_4	6.5	−23.38	−40.07	62.51	33.71
	11.5	−45.49	−61.05	106.59	59.56

以无调整工况下弯矩值为基准,各道支撑调节时隧道弯矩相对于基准弯矩的增长率如表7-15所示。可以看到,随埋深增大,弯矩增长率绝对值总体随距离增大而减小。隧道埋深因素对隧道弯矩的影响同样小于对隧道位移的影响。

表 7-15　不同埋深下支撑伸长隧道四周弯矩增长率

内支撑及其工况	埋深 H_e/m	弯矩增长率/%			
		左拱腰	右拱腰	拱顶	拱底
调整 S_2	6.5	2.48	-1.01	-6.01	4.33
	11.5	4.88	3.20	3.59	2.76
调整 S_3	6.5	-26.04	-8.43	-10.75	-3.51
	11.5	2.31	-0.43	-3.06	2.79
调整 S_4	6.5	4.06	-3.19	1.20	-9.26
	11.5	-14.46	-5.31	-4.52	-4.06
同时调整 S_2、S_3、S_4	6.5	-21.54	-15.30	-14.82	-13.05
	11.5	-12.30	-6.86	-7.74	-2.09

7.8　本章小结

目前针对深基坑施工对临近隧道的主要保护措施之一是利用钢支撑轴力伺服系统，以便控制围护结构水平位移，而内支撑伸缩调节对围护结构自身和临近隧道受力特性的影响规律尚不明确。笔者通过数值模拟对基坑开挖及内支撑调节对临近隧道的影响进行了梳理分析，总结了地下连续墙水平位移、墙背土压力、隧道周围土压力、隧道位移等的变化特性，并对不同距离、不同埋深条件下隧道位移和弯矩进行对比分析。

(1) 基坑开挖完成后，地下连续墙最大水平位移达到 15.45mm，约位于深度 18m 处 ($0.9H_e$)，与前文试验规律相一致。隧道均发生向基坑侧水平位移，位移排序为 $\Delta x_L > \Delta x_D > \Delta x_U > \Delta x_R$。当进行单道支撑伸缩调节时，墙背土压力和地下连续墙水平位移在该支撑深度发生变化最大，当进行多道支撑同时调节时，墙背土压力在 S_4 深度处变化最明显，地下连续墙水平位移在 S_2 深度处变化最大。调节 S_4 时墙背土压力变化最大，同时调节 S_2、S_3、S_4 时墙背土压力变化深度范围最广。当不同内支撑伸长时，隧道四周土压力和水平位移、竖向位移均发生线性变化，水平位移随不同支撑伸长均呈线性减小。当且仅当 S_2 伸长时，左拱腰水平土压力呈线性减小，伸长 S_3 或伸长 S_4 或同时伸长 S_2、S_3、S_4 时，四周土压力均呈线性增大。当 S_2 缩短时，隧道四周土压力均增大。当不同支撑缩短时，隧道四周水平位移均增大。当且仅当 S_3 缩短时，拱底竖向位移增大，缩短 S_2 或缩短 S_4 或同时缩短 S_2、S_3、S_4 时，隧道四周竖向位移均增大。

(2) 基坑与隧道的距离因素对隧道水平位移的影响主要体现在隧道下侧，拱腰和拱底水平位移随距离增大而减小，拱顶水平位移随距离增大而微弱增大。单道支撑伸长时，拱顶水平位移随距离增大而增大，拱腰和拱底水平位移随距离增大而减小。当多道支撑同时伸长时,拱腰水平位移随距离增大而增大,拱顶和拱底水平位移随距离增大而减小。随距离增大,隧道拱底上浮值减小,拱顶沉降增大。支撑伸长时,不同距离下隧道发生最大竖向位移所在的位置发生了改变,距离 4m 时拱底上浮,位移最大;距离 6m 时拱顶下沉,位移最大。水平距离对隧道弯矩的影响小于对隧道位移的影响。左拱腰和拱顶的弯矩绝对值随距离增大而增大,右拱腰和拱底的弯矩绝对值随距离增大而减小。相对于无调整工况,在支撑伸长条件下隧道弯矩变化率随距离增大而减小。

(3)隧道水平位移随隧道埋深增大而增大,左拱腰位移增大最明显。对于水平位移较大的左拱腰和拱底,同时调节 S_2、S_3、S_4 时隧道水平位移均达到最小值,对于右拱腰和拱顶而言,埋深 6.5m 的隧道在调节 S_2 时位移最小,埋深 11.5m 的隧道在同时调节 S_2、S_3、S_4 时位移最小。不同埋深下隧道拱腰竖向位移无明显变化,埋深大的隧道拱顶附近下沉值和拱底附近上浮值显著增大。当支撑伸长时,左、右拱腰处埋深小者上浮值更大,拱顶附近埋深大者下沉值更大。随隧道埋深增大,拱顶弯矩增长量明显大于拱底,上下压缩、左右拉伸趋势加剧。在不同支撑伸长工况下,拱顶弯矩绝对值受埋深因素影响最大。

8 滨海区软土基坑现场监测

在基坑工程施工过程中存在诸多不确定因素,如土性的不确定性、降水的不确定性以及人为造成的不确定性,这些会对基坑工程产生影响。因此,很难制订出适用于所有基坑工程的一套标准的设计与施工模式。目前广泛采用理论计算与地区经验相结合的半经验、半理论的方法进行设计。但由于岩土层性质的复杂多变的特性,理论计算与实际工程中的结果往往会有很大的差异,一旦基坑围护结构的变形值超设计允许值会威胁到人民生命和财产安全。很多情况下基坑工程的安全事故是一个从量变到质变的过程,对基坑的施工监测可以有效地减小基坑事故发生的概率。

在我国滨海城市基坑工程常用在轨道交通、城市基础设施以及地产工程的建设中。因滨海区基坑具有土体性质复杂、土体富水且松散、支护结构埋深大、基坑周边环境复杂、基坑开挖支撑施工工序复杂以及降雨引起的水文地质参数多变等特点,滨海区的深基坑工程安全等级较高。在施工期间,由于自然气象条件、支护体系及施工组织等因素会引发基坑变形、坑壁滑塌、基坑渗漏水、周边地表沉降等病害,施工过程中对基坑的监测显得十分重要。我们可以根据现场的监测结果来验证计算结果的正确性,并修改完善后续的设计方案。

8.1 监测内容和方法

8.1.1 监测实施要求

基坑工程支护设计单位根据现场的工况对基坑工程施工监测提出相应的监测要求,监测的主要内容包括监测项目(内容)、监测频率和监测报警值等。

建设单位需要提供基坑支护设计文件、岩土工程勘察成果文件、基坑施工影响范围内的地下管线以及地形图、周边建(构)筑物状况(建筑年代、基础结构形式以及平面图)、基坑施工方案及组织设计等相关资料。在基坑施工前应委托相关单位对周边建(构)筑物和有关设施的整体现状、裂缝情况等进行前期巡查,拍照、录像并作详细记录,以此作为施工前的档案资料。

监测单位在接受委托后编制监测方案时要先进行现场踏勘并收集分析资料,监测方案需要经过建设方、设计方与监理方等的认可,必要时需要与基坑周边环境涉及的有关单位协商一致后实施。在监测开始前委托具有相关资质的单位对设备、仪器校验和元器件标定并对监测点位进行验收。对同一监测项目,监测应符合下列要求:①采用相同的观测方法和观测路线;②使用同一监测仪器和方法;③在基本相同的环境和条件下工作;④固定观测人员。

监测单位需要提交阶段性监测结果和报告。要求现场监测的结果可靠和正确,并及时提交监测报表。当监测数据达到监测报警值或出现危险事故征兆时,应立即通报建设单位以及相关负责单位。现场监测结束后要提交完整的监测资料。

8.1.2 监测目的与监测方案

监测方案是指导监测工作的主要技术文件,监测方案的编制应以工程合同、工程基础资料、设计资料、施工方案和组织资料,国家以及行业的规范等为依据。监测方案应该包括工程及基坑概况、监测目的和依据、场区工程地质及水文地质条件、周边环境状况、监测方案和精度要求、基准点与测点的布置和保护、监测仪器、控制与预警标准值、观测频率、观测资料整理分析、监测结果反馈制度等内容。

8.1.2.1 监测目的

根据场地工程地质和水文地质情况,基坑工程围护结构体系设计及周围环境确定监测目的。监测目的主要有以下3类。

(1)通过监测成果分析掌握岩土层和支护结构内力、变形的变化情况,以及周边环境中各种建筑、设施的变形情况,将监测数据与设计值进行对比、分析,以判断基坑围护体系的安全度,保证施工过程中围护体系的安全。

(2)通过监测成果预估基坑开挖施工过程中对周围建(构)筑物的影响程度,验证基坑工程环境保护方案的正确性,确保周围建(构)筑物和市政设施的安全。

(3)通过监测结果分析检验围护体系设计计算理论和方法的可靠度,现有的实际工程可以认为是1∶1的原位试验,监测的数据真实地反映了施工过程中围护体系与周围土层之间的相互作用,对认识基坑工程的时间与空间效应十分重要并为进一步改进设计计算理论方法提供依据。

不同基坑工程的监测目的侧重有所不同。例如,由于基坑周围有较多的市政管线以及较多的建筑物存在,应逐个分析周围管线以及周围建筑物的具体影响情况,根据管线与建筑物的重要性、可能受影响程度、抗拉位移能力确定监测重点。

8.1.2.2 监测方案制定要求

(1)应根据监测目的和方案设计原则,合理选择现场测试的监测项目。

(2)确定监测点的布置和监测频率。根据监测目的确定监测点位的位置与数量,根据施工进度确定不同监测点的监测频率。

(3)建立监测分析结果反馈制度。要将现场的监测分析结果及时反馈给现场的监理单位、设计单位和施工单位,当超过监测方案设计的报警值时,应及时研究并处理异常问题,确保基坑工程安全施工。

(4)制定监测点的保护措施。由于基坑施工过程中人员与车辆流动大,一些测点容易被破坏,因此务必要将测点做得牢固且要配上醒目的标志,有条件时可以适当对较容易破坏的测点做冗余分析以确保该监测项目的顺利进行。

(5)监测方案的制定要与施工组织计划密切配合。监测方案也是施工计划中的一部分,只有符合施工总体规划才能确保监测方案的顺利实施。

(6)需要对存在下述情况的基坑工程的监测方案进行专门论证。例如:基坑周围重要的建(构)筑物、历史文物、重要管线隧道等被破坏后造成严重后果的基坑工程,已经发生严重事故的基坑工程,地质和环境条件很复杂的基坑工程,采用新材料、新技术和新工艺的一、二级基坑工程以及其他需要论证的基坑工程。

8.1.3 监测内容

8.1.3.1 监测对象

基坑监测对象应包括支护结构、地下水状况、基坑底部及周边土体、周边建筑、周边管线及设施、周边重要的道路、其他应监测的对象。基坑的监测项目应与基坑工程设计、施工方案相匹配。根据监测对象的关键部位,做到重点观测、项目配套并形成有效的、完善的监测流程。

根据《建筑地基基础工程施工质量验收标准》(GB 50202—2018),基坑工程类别划分见表8-1。

表8-1 基坑工程类别

类别	分类标准
一级	1. 重要工程或支护结构做主体结构的一部分 2. 开挖深度大于10m 3. 与临近建筑物、重要设施的距离在开挖深度以内的基坑 4. 基坑范围内有历史文物、近代优秀建筑、重要管线等需严加保护的基坑
二级	除一级和三级外的基坑
三级	开挖深度小于7m,且周围环境无特别要求的基坑

根据表8-1的基坑分类标准,《建筑基坑工程监测技术标准》(GB 50497—2019)对基坑监测项目做了规定,见表8-2。

当基坑周边有地铁、隧道或者其他对位移有特殊要求的建筑及设施时,应与有关管理部门或单位协商确定监测项目。

表 8-2 建筑基坑工程监测项目表

监测项目		基坑类别		
		一级	二级	三级
围护墙(边坡)顶部水平位移		√	√	√
围护墙(边坡)顶部竖向位移		√	√	√
深层水平位移		√	√	○
立柱竖向位移		√	○	○
围护墙内力		○	—	—
支撑内力		√	○	—
立柱内力		—	—	—
锚杆内力		√	○	—
土钉内力		○	—	—
坑底隆起(回弹)		○	—	—
围护墙侧向土压力		○	—	—
孔隙水压力		○	—	—
地下水位		√	√	√
土体分层竖向位移		○	—	—
周边地表竖向位移		√	√	○
周边建筑	竖向位移	√	√	√
	倾斜	√	○	—
	水平位移	√	○	—
周边建筑、地表裂缝		√	√	√
周边管线变形		√	√	√

注：√应测；○宜测；—可测。

8.1.3.2 测点布置

基坑监测点的选择与布置应该综合考虑各种因素，如基坑的类别、基坑各侧边的监测等级以及基坑周边建(构)筑物的性质等，相应的监测点选择与布置要求有所不同。总体上监测点应布置在内力及变形的关键特征点上且应不妨碍监测对象的正常工作，并应尽量减少对施工作业的不利影响。监测点的位置应避开障碍物，便于观测。

1. 水平位移监测

水平位移监测适用于围护墙(边坡)顶部、临近建(构)筑物的水平位移，以及临近地下管线的水平位移、深层水平位移等测项的观测。

围护墙(边坡)顶部水平位移监测点和竖向位移监测点宜为共用点,并布置在冠梁上,监测点间距不宜大于 20m。应在基坑各侧边的中部位置、阳角部位、基坑深度变化处、临近需要重点保护对象处等部位布置监测点,且每个边布点不宜少于 3 个。监测点宜设置在围护墙顶或基坑坡顶上。

临近建(构)筑物水平位移监测点应布置在建(构)筑物角点、中点,沿周边布置间距宜为 6~20m,或每间隔 2~3 个柱基设点。地下管线的水平位移观测点可以布置在管线接线头、端点、转弯处等重要部位。

测定特定方向上的水平位移时,可采用视准线法、小角度法、投点法等;测定监测点任意方向的水平位移时,可视监测点的分布情况,采用前方交会法、后方交会法、极坐标法等;当测点与基准点无法通视或距离较远时,可采用 GPS 测量法,或三角测量法、三边测量法、边角测量法和基准线法相结合的综合测量方法。

围护墙或土体的深层水平位移监测点宜布置在基坑周边的中部、阳角处及有代表性的部位。监测点水平间距宜为 20~50m,每边监测点数目不应少于 1 个。

用测斜仪观测深层水平位移,当测斜管埋设在围护墙体内时,测斜管长度不宜小于围护墙的深度;当测斜管埋设在土体中时,测斜管长度不宜小于基坑开挖深度的 1.5 倍,并应大于围护墙的深度。以测斜管底为固定起算点时,管底应嵌入稳定的土体中。

测斜管应该在基坑开挖 1 周前埋设,埋设前应检查测斜管的质量,测斜管连接时要保证上、下管段的导槽相互对准、顺畅,应保证各段接头以及管底密封,同时测斜管的一对导槽的方向应与所需测量的位移方向保持一致。当采用钻孔埋设时,应填充密实测斜管与钻孔之间的空隙。

2. 竖向位移监测

竖向位移监测可采用几何水准法或液体静力水准法。当不便使用几何水准测量或者需要进行自动监测时,可以采用液体静力水准法进行测量。

对围护墙(边坡)顶部、临近建(构)筑物的水平位移,临近地下管线的竖向位移的监测点与水平位移的监测点共用,其埋设要求与水平位移测点的布置要求相同。应将基坑围护墙位移监测的基准点埋设在 4 倍基坑最大开挖深度范围以外不受施工影响的稳定区域,或者利用现有的稳定的施工控制点。

对基坑隆起(回弹)宜通过设置回弹监测标,采用几何水准法并配合传递高程的辅助设备进行监测,对传递高程的金属杆或者钢尺等应进行温度、尺长和拉力等的修正。监测点宜按剖面图布置在基坑中部、距基坑坑底边缘 1/4 坑底宽度处,监测剖面宜按纵向或横向布置,数量不应少于 2 个。剖面上监测点横向间距宜为 10~30m,数量不宜少于 3 个,同时回弹监测标志宜埋入基坑底面以下 0.5~1m 处。

基坑中立柱的竖向位移监测点宜布置在基坑中部、多根支撑交会处、地质条件复杂处的立柱上。监测点的布置数量不应少于立柱总根数的 5%,逆作法施工的基坑监测点数量不应少于立柱总根数的 10%,且不应少于 3 根。不同结构类型的立柱宜分别布点。应在有承压水风险的基坑,以及间距较大的立柱、支撑跨度较大的立柱、支撑断面较小的立柱中增设监测点。

3. 支撑与支护结构内力监测

可采用在结构内部或表面的应变计或者应力计测量支撑与支护结构内力。还可以采用钢筋应力计或混凝土应变计对混凝土构件进行测量,以及采用轴力计或应变计对钢筋构件进行测量。应力和应变计的监测量程宜为设计值的2倍,精度不宜低于0.5%(F·S),分辨率不宜低于0.2%(F·S)。在监测过程中应考虑温度变化对监测结果的影响,对于混凝土支撑的监测还应考虑混凝土的收缩、徐变以及裂缝的影响,对钢筋混凝土支撑轴力宜进行温度修正。

围护墙内力监测点应该布置在受力、变形较大且有代表性的部位。监测点数量和水平间距视情况而定。竖直方向监测点应布置在弯矩极值处,竖向间距宜为2~4m。立柱的内力监测点宜布置在受力较大的立柱上,位置宜设在坑底以上各层立柱下部的1/3处。

每层的支撑内力监测点不应少于3个,各层支撑点的监测点位置在竖向上宜保持一致。钢支撑的内力监测点截面宜在2个支点间距离的1/3处或支撑的端头;混凝土支撑的监测截面宜选在2个支点间距离的1/3处,并避开节点位置。每个监测点截面内部传感器的布置与数量应满足不同传感器测试的要求。

4. 锚杆、土钉内力监测

锚杆和土钉的内力监测点应布置在受力较大且有代表性的位置,宜在基坑每边中部、阳角处和地质条件复杂的区段布置监测点。每层锚杆的内力监测点数量应该为总锚杆数量的1%~3%,并不宜少于3根。各层监测点位置在竖向上宜保持一致。每根杆体上的测试点宜设置在锚头附近和有代表性的受力位置。土钉的监测点数量和间距应视具体情况而定,各层监测点位置在竖向上宜保持一致。每根土钉杆体上的测试点应设置在有代表性的受力位置。

锚杆拉力宜采用专门的锚杆测力计测试,钢筋锚杆受力可以采用钢筋应力计或应变计测试。当使用钢筋束时,应分别监测每一根钢筋的受力。其内力监测的传感器精度和分辨率宜与支撑和围护结构内力监测的传感器精度一致。

5. 土压力监测

土压力宜采用土压力计量测。埋设土压力计前,应检查核对土压力计的出厂率定数据,整理压力-频率曲线,并用回归方法计算各土压力计的标定系数。

土压力计的埋设方式可以采用埋入式和边界式。埋设时受力面应与观测压力方向垂直并紧贴被监测对象;埋设过程中应有土压力膜保护措施;当采用埋入式安装时,填充料回填应均匀密实,且回填材料宜与周围岩土体保持一致;当采用边界式安装时,可采用焊接固定法、挂布法、气囊法等。对于围护墙侧向土压力监测,平面布置上基坑每边不宜少于2个监测点;竖向布置上监测点间距宜为2~5m,下部宜加密;当按土层分布情况布置时,每层应至少布置1个测点,且宜布置在各层的中部。

当土压力计埋设完成时,应立即进行检查测试,基坑开挖前应至少经过1周的监测并取得稳定初始值。

6. 地下水位监测

地下水位宜采用钻孔内设置水位管的方法监测,采用水位计等进行测量。地下水位的测量精度不宜低于10mm。

对于基坑内地下水位而言,当采用深井降水时,水位监测点宜布置在基坑中央和两相邻降水井的中间部位;当采用轻型井点、喷射井点降水时,水位监测点宜布置在基坑中央和周边拐角处,监测点数量应视具体情况确定。

基坑外地下水位监测点应沿基坑、被保护对象的周边或在基坑与被保护对象之间布置,监测点间距宜为20~50m。应在相邻建筑、重要的管线或管线密集处布置水位监测点,当有止水帷幕时,宜布置在止水帷幕的外侧约2m处。

水位观测管的管底埋置深度应在最低设计水位或最低允许地下水位之下3m、5m处。承压水水位监测管的滤管应埋置在所测的承压含水层中。

回灌井点观测井应设置在回灌井点与被保护对象之间。

7. 孔隙水压力监测

孔隙水压力监测点宜布置在基坑受力、变形较大或有代表性的部位。竖向布置上监测点宜在水压力变化影响深度范围内按上层分布情况布设,竖向间距宜为2~5m,数量不宜少于3个。

孔隙水压力宜通过埋设钢弦式或应变式孔隙水压力计测试。采用钻孔法埋设孔隙水压力计时,钻孔直径宜为110~130mm,不宜使用泥浆护壁成孔,钻孔应圆直、干净;封口材料宜采用直径为10~20mm的干燥膨润土球。

8. 周围建筑和管线监测

施工时应将基坑边缘以外1~3倍基坑开挖深度范围内需要保护的周边环境作为监测对象,必要时应扩大监测范围。对位于重要保护对象安全保护区范围内监测点的布置,还应满足相关部门的技术要求。

建筑竖向位移监测点的布置应符合如下要求:在建筑四角沿外墙每10~15m处或每隔2~3根柱基上,且每侧不少于3个监测点;不同地基或基础的分界处;不同结构的分界处;变形缝、抗震缝或严重开裂处的两侧;新旧建筑或高低建筑交接处的两侧;高耸构筑物基础轴线的对称部位,每一构筑物不应少于4个监测点。

建筑水平位移监测点应布置在建筑的外墙墙角、外墙中间部位的墙上或柱上、裂缝两侧以及其他有代表性的部位;监测点间距视具体情况而定,一侧墙体的监测点不宜少于3个。

建筑裂缝、地表裂缝监测点应选择在有代表性的裂缝进行布置,当原有裂缝增大或出现新裂缝时,应及时增设监测点。对需要观测的裂缝,在每条裂缝处至少应设2个监测点,且宜设置在裂缝的最宽处及裂缝末端。

管线监测点的布置应符合下列要求:根据管线修建年份、类型、材料、尺寸及现状等情况,确定监测点设置;监测点宜布置在管线的节点、转角点和变形曲率较大的部位;监测点平面间距宜为15~25m,并宜延伸至基坑边缘以外1~3倍基坑开挖深度范围内的管线处;在供水、煤气、暖气等的压力管线上宜设置直接监测点,在无法埋设直接监测点的部位,可设置间接监测点。

基坑周边地表竖向位移监测点宜按监测剖面设在坑边中部或其他有代表性的部位。监测剖面应与坑边垂直,数量视具体情况确定。每个监测剖面上的监测点数量不宜少于5个。

8.2 监测频率和报警值

8.2.1 监测频率

基坑施工阶段工程监测应包括工程施工全过程,应在基坑施工开始前采集周边环境的初始数据,至基坑工程回填完成后结束监测工作。监测频率的确定应能及时、系统地反映支护结构、周边环境的动态变化,宜采用定时监测,必要时应进行跟踪监测。基坑工程设计方应明确监测项目的监测报警值,当监测数据达到监测报警值时,必须发布书面警情报告。

各应测监测项目的监测频率宜根据其监测项目的性质、施工工况按表 8-3 确定。选测监测项目的频率可在表 8-3 的基础上适当放宽,但监测时间间隔不宜大于应测项目的 2 倍。

表 8-3 监测频率

基坑设计安全等级	施工进程		检测频率
一级	开挖深度 h	≤H/3	1次/(2~3)d
		H/3~2H/3	1次/(1~2)d
		2H/3~H	(1~2)次/d
	底板浇筑后时间 d	≤7	1次/d
		7~14	1次/3d
		14~28	1次/5d
		>28	1次/7d
二级	开挖深度 h	≤H/3	1次/3d
		H/3~2H/3	1次/2d
		2H/3~H	1次/d
基坑设计安全等级	施工进程		检测频率
二级	底板浇筑后时间 d	≤7	1次/2d
		7~14	1次/3d
		14~28	1次/7d
		>28	1次/10d

注:①基坑工程开挖前的监测频率应根据工程实际需要确定;②底板浇筑后3d至地下工程完成前可根据监测数据变化情况放宽监测频率,一般情况每周监测2~3次;③支撑结构拆除过程中及拆除完成后3d内监测频率应加密至1次/1d。

现场巡检频次应结合施工工况和数据变化情况确定,一般应与应测监测项目的监测频率保持一致,在关键施工工序中和遇特殊天气条件时应增加巡检频次。

当遇到下列情况之一时,应提高监测频率:①监测数据变化速率达到报警值;②监测数据累计值达到报警值,且参建各方协商认为有必要加密监测;③现场巡检中发现支护结构、施工工况、岩土体或周边环境存在异常现象;④存在勘察未发现的不良地质条件,且可能影响工程安全;⑤暴雨或长时间连续降雨;⑥基坑工程出现险情或事故后重新组织施工;⑦出现其他影响基坑及周边环境安全的异常现象。

当出现可能危及工程和周边环境安全的征兆时,应实时跟踪监测。对有特殊要求的周边环境的监测时间应根据需要延长至变形趋于稳定后。建(构)筑物变形稳定标准应符合现行行业标准《建筑变形测量规范》(JGJ 8—2016)的有关规定。

8.2.2 警情报送

8.2.2.1 监测项目的报警值要求

监测项目的报警值应符合下列要求。

(1)监测项目的报警值应满足支护结构和周边环境的安全控制要求。

(2)支护结构监测项目报警值应根据基坑工程特点、设计计算结果及基坑工程监测等级等综合确定。

(3)周边环境监测项目报警值应根据监测对象的重要性及现状、结构形式、变形特征、主管部门的要求及国家现行有关标准的规定等确定。

(4)有特殊保护要求的环境监测对象报警值应结合现场检测、分析计算或专项评估的结果确定。

(5)基坑周围土体、地下水等项目的报警值应根据勘察资料、水文地质状况及周边环境风险等级确定。

监测报警值可分为变形监测报警值和受力监测报警值。变形监测报警值应包括监测项目的累计变化值和变化速率,构件的受力监测报警值应包括监测数据的最大值和最小值。

支护结构及周围岩土体监测项目的监测报警值应根据设计方要求确定,并经相关单位认可。当无具体监测报警值时,可按表8-4确定。

基坑周边环境监测项目的报警值应根据监测对象和主管部门的要求或建(构)筑物检测报告的结论确定,当无具体控制值时,可按表8-5确定。

表8-4 支护结构及周围岩土体监测项目报警值

序号	监测项目	支护类型	基坑设计安全等级									
			一级				二级				三级		
			累计值		变化速率/mm·d^{-1}		累计值		变化速率/mm·d^{-1}		累计值		变化速率/mm·d^{-1}
			绝对值/mm	相对基坑设计深度H_e控制值/%			绝对值/mm	相对基坑设计深度H_e控制值/%			绝对值/mm	相对基坑设计深度H_e控制值/%	
1	围护墙（边坡）顶部水平位移	土钉墙、复合土钉墙、喷锚支护、水泥土墙	30~40	0.3~0.4	3~5		40~50	0.5~0.8	4~5		50~60	0.7~1.0	5~6
		灌注桩、地下连续墙、钢板桩、型钢水泥土墙	20~30	0.2~0.3	2~3		30~40	0.3~0.5	2~4		40~60	0.6~0.8	3~5
2	围护墙（边坡）顶部竖向位移	土钉墙、复合土钉墙、喷锚	20~30	0.2~0.4	2~3		30~40	0.4~0.6	3~4		40~60	0.6~0.8	4~5
		水泥土墙、型钢水泥土墙	—	—	—		30~40	0.6~0.8	3~4		40~60	0.8~1.0	4~5
		灌注桩、地下连续墙、钢板桩	10~20	0.1~0.2	2~3		20~30	0.3~0.5	2~3		30~40	0.5~0.6	3~4
3	深层水平位移	复合土钉墙	40~60	0.4~0.6	3~4		50~70	0.6~0.8	4~5		60~80	0.7~1.0	5~6
		型钢水泥土墙	—	—	—		50~60	0.6~0.8	4~5		60~70	0.7~1.0	5~6
		钢板桩	50~60	0.6~0.7	2~3		60~80	0.7~0.8	3~5		70~90	0.8~1.0	4~5
		灌注桩、地下连续墙	30~50	0.3~0.4			40~60	0.4~0.6			50~70	0.6~0.8	

续表 8-4

序号	监测项目 支护类型	基坑设计安全等级								
		一级			二级			三级		
		累计值		变化速率/ mm·d^{-1}	累计值		变化速率/ mm·d^{-1}	累计值		变化速率/ mm·d^{-1}
		绝对值/ mm	相对基坑设计深度 H_e 控制值/%		绝对值/ mm	相对基坑设计深度 H_e 控制值/%		绝对值/ mm	相对基坑设计深度 H_e 控制值/%	
4	立柱竖向位移	20~30	—	2~3	20~30	—	2~3	20~40	—	2~4
5	地表竖向位移	25~35	—	2~3	35~45	—	3~4	45~55	—	4~5
6	底坑隆起（回弹）	累计值(30~60)mm，变化速率(4~10)mm/d								
7	支撑轴力	最大值：(60%~80%)f_2 最小值：(80%~100%)f_y			最大值：(70%~80%)f_2 最小值：(80%~100%)f_y			最大值：(70%~80%)f_2 最小值：(80%~100%)f_y		
8	锚杆轴力	(60%~70%)f_1			(70%~80%)f_y			(70%~80%)f_1		
9	土压力	(60%~70%)f_1			(70%~80%)f_1			(70%~80%)f_1		
10	孔隙水压力									
11	围护墙内力	(60%~70%)f_2			(70%~80%)f_2			(70%~80%)f_2		
12	立柱内力									

注：① H_e 为基坑设计开挖深度，f_1 为荷载承载设计值，f_2 为构件承载能力设计值，f_y 为钢支撑、锚杆预应力设计值；② 累计值取绝对值和相对基坑深度两者中的小值；③ 报警值可按基坑各侧边情况分别确定。

表 8-5　基坑周边环境监测报警值

	监测对象		累积量/mm	变化速率/$mm \cdot d^{-1}$	备注
1	地下水位变化		1000～2000（常年变幅以外）	500	—
2	管线位移	刚性管道　压力	10～20	2	直接观察点数据
		刚性管道　非压力	10～30	2	
		柔性管道	10～40	3～5	—
3	临近建筑位移		小于建筑物地基变形允许值	2～3	—
4	临近道路路基沉降	高速公路、道路主干	10～30	3	
		一般城市道路	20～40	3	
5	裂缝宽度	建筑结构性裂缝	1.5～3（既有裂缝）0.2～0.25（新增裂缝）	持续发展	—
		地表裂缝	10～15（既有裂缝）1～3（新增裂缝）	持续发展	

注：建(构)筑物整体倾斜率累计值达到 2‰ 或新增 1‰ 时应报警。

8.2.2.2　巡检过程中的警情报告

现场巡检过程中发现下列情况之一时，必须立即发出警情报告。

(1) 基坑围护桩（墙）出现明显变形、较大裂缝、断裂、较严重渗漏水，支撑出现明显变位、压曲或脱落，锚杆出现松弛或拔出等。

(2) 基坑出现流土、管涌、突涌或较大基底隆起。

(3) 周边地表出现较严重的突发裂缝或坍塌。

(4) 周边建（构）筑物出现危害结构安全或正常使用的较大沉降、倾斜、裂缝等。

(5) 周边地下管线变形突然明显增长或出现裂缝、泄漏等。

(6) 据工程经验判断应报警的其他情况。

8.3　基坑监测案例分析（一）——航海路站

8.3.1　航海路站基坑工程介绍

8.3.1.1　工程概况

深圳地铁航海路站是深圳市前海市合作区政配套土建预留工程土建 5121 标段 3 站 2

区间的中间站,位于深圳市南山区前海合作区听海大道与规划支路交叉口,为地铁5号、9号线的换乘站,采用T型换乘方式。5号线车站为地下3层车站,车站总长182m,总体沿航海路南北向布置。9号线航海路站为9号线西延线工程的终点站,设置在听海大道西侧,为地下2层车站,车站总长652m(含站后停车折返线)。

其中5号线航海路站为地铁5号线南延段的中间车站,车站基坑深度为26.7~29.1m。9号线航海路站则为9号线西延线工程的终点站,基坑平均深度约17.3m。5号、9号线深基坑大致呈斜十字形交叉布置,在交叉区域设置有阶梯式斜坡过渡段来实现两线的交叉换乘。5号线航海路站两端分别为前海公园—航海路站区间和航海路站—桂湾站区间,以上2个区间均为盾构区间,本站两端均为盾构接收区。9号线航海路站东侧为航海路站—镇海路站区间,为明挖区间,以西则是折返线并为将来延长预留段。具体分布形式如图8-1所示。

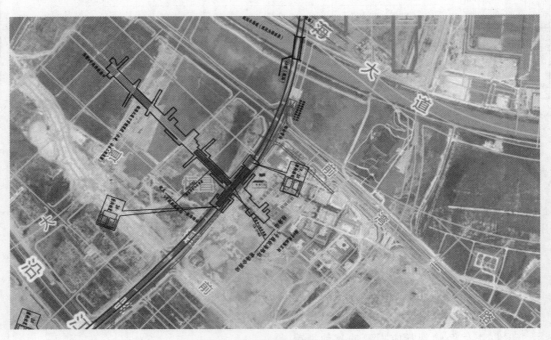

图8-1 地铁5号、9号线航海路站换乘站平面分布

8.3.1.2 地形地貌

深圳地铁5号、9号线航海路换乘站位于南山区前海片区,沿线场地现状主要为填海空地、道路、在建工地等。伴随着经济发展与工程建设,原始地貌已发生改变。场地现状整体地势平坦,局部微起伏,地面标高为4.30~8.98m。

航海路站位于现状前海片区东滨路南侧,与航海路和在建临海大道下穿隧道在线路两端垂直交叉,场地中段主要为绿地及景观水塘等。

临海大道下穿隧道现已进行地下两层结构的基坑开挖工作,支护结构采用钻孔桩+咬合旋喷桩止水帷幕形式,桩长约25m。

现状航海路已完成施工,即将验收运营,现阶段车流较小。道路两侧关系密集,道路下和周边分布有大量的管线,其中较重要的管线为沿航海路东侧平行铺设的共同沟,为3m×7m(高×宽)钢筋混凝土矩形箱涵。

场地其余地段多铺设草坪及栽种树木,里程CK0+560—CK0+610段为现状景观水塘,塘内水体多为抽排中水,面积约1.5万m^2,水量不大,水深不足1.0m,在高气温持续的时候会出现枯竭现象。

由于现阶段前海片区开发力度较大,本工程当前施工环境比较宽松,但后期施工时,可能与沿线范围多家单位施工工作面有交叉,对施工的开展和推进会造成一定的影响。

8.3.1.3 岩土层岩性特征

工程场地原为沿海滩涂地区,由于经济发展的需要于近年开始进行抛石挤淤处理而形成现有地面。根据钻探揭露,结合既有工程资料,具体的岩土特征详细描述如下。

1. 第四系全新统人工堆积层(Qh^{ml})

(1)素填土:主要由黏性土组成,夹有少量砂砾或碎块石。揭露层厚为1.00～6.00m,平均厚度为3.02m;层底埋深为1.00～6.00m,层底高程为2.63～7.85m。属Ⅱ级普通土。

(2)素填土(块石):主要由混合岩、粗粒花岗岩及建筑混凝土块石组成,块石直径为0.20～0.50m,块石最大直径大于0.8m。层底埋深为10.00～16.90m,层底高程为－8.64～－1.47m。属Ⅳ级软石。

(3)杂填土:主要由废弃砖块和混凝土块等建筑垃圾和生活垃圾杂乱堆填而成,混凝土块最大直径大于0.6m。属Ⅲ级硬土。

2. 第四系全新统海相沉积层(Qh^m)

淤泥层:揭露层厚为0.40～5.00m;层顶埋深为10.00～16.80m,层顶高程为－7.95～－1.47m;层底埋深为13.30～17.20m,层底高程为－8.37～－6.27m。属Ⅱ级普通土。

3. 第四系上更新统冲洪积层(Qp_3^{al+pl})

(1)粉质黏土:该层场地范围广泛分布且连续性好,局部以夹层方式赋存于砂层中。揭露层厚为0.70～6.90m;层顶埋深为13.30～24.00m,层顶高程为－15.15～－6.27m;层底埋深为14.90～24.70m,层底高程为－15.85～－7.80m。属Ⅱ级普通土。

(2)含有机质砂:主要为石英质中砂,呈透镜体状零星分布。揭露层厚为2.90～3.00m;层顶埋深为18.50～20.00m,层顶高程为－11.47m;层底埋深为21.40～23.00m,层底高程为－14.47～－14.37m。属Ⅰ级松土。

(3)中砂:该层场地范围广泛分布且连续性好,车站结构底板主要位于该地层中。揭露层厚为0.50～5.90m;层顶埋深为18.00～22.10m,层顶高程为－14.70～－10.47m;层底埋深为19.50～25.60m,层底高程为－18.30～－10.97m。属Ⅰ级松土。

(4)粗砂:该层与中砂层在水平方向上交替出现,车站结构底板主要位于该地层中。揭露层厚为1.10～7.50m;层顶埋深为14.90～24.70m,层顶高程为-15.85～-7.80m;层底埋深为21.00～25.80m,层底高程为-18.37～-13.90m。属Ⅰ级松土。

4. 第四系残积层(Qh^{el})

(1)可塑状砂质黏性土:场地范围内零星分布,层顶埋深为25.30～25.60m,层顶高程为-17.47～-17.45m。属Ⅱ级普通土。

(2)硬塑状砂质黏性土:该层场地范围内广泛分布,部分钻孔未揭穿。层顶埋深为21.00～25.80m,层顶高程为-18.37～-13.90m。属Ⅱ级普通土。

5. 加里东期混合花岗岩($M\gamma_3$)

(1)全风化混合花岗岩:场地范围内普遍分布,部分钻孔未揭穿,层顶埋深为24.10～36.50m,层顶高程为-29.20～-15.84m。属Ⅲ级硬土。

(2)土状强风化混合花岗岩:岩体基本质量等级Ⅴ类。层顶埋深为25.40～44.00m,层顶高程为-35.15～-17.14m。属Ⅲ级硬土。

8.3.1.4 岩土层物理力学参数

根据工程岩土勘察报告和现场试验,各地层物理力学参数如表8-6所示,其中抗剪强度是直剪试验条件下的取值,在设计计算时宜采用总应力法计算。表中部分压缩模量和泊松比是室内试验结合地方规范与经验等提出的。

表8-6 岩土层物理力学参数

岩土名称	天然重度 $\gamma/(kN \cdot m^{-3})$	内聚力 c/kPa	内摩擦角 $\varphi/(°)$	压缩模量 E_s/MPa	泊松比 μ
素填土	17.5	15	12	—	—
填块石	20.5	0	25	—	—
淤泥	16.4	10	3.5	2.5	0.42
粉质黏土	19.0	30	13.5	6	0.32
中粗砂	20.0	0	32	35	0.30
粉质黏土(硬塑)	18.5	25	23.5	9	0.28
强风化混合花岗岩(砂土状)	19.5	35	27.5	100	0.23

8.3.2 深基坑现场监测方法与实施

8.3.2.1 监测频率

根据《建筑基坑工程监测技术标准》(GB 50497—2019)与深圳地方基坑标准综合确定基坑监测频率,如表8-7所示。

表 8-7 基坑监测频率

基坑类别	施工进程		基坑设计深度/m			
			≤5	5~10	10~15	>15
一级	开挖深度范围/m	≤5	1次/1d	1次/2d	1次/2d	1次/2d
		5~10	—	1次/1d	1次/1d	1次/1d
		>10	—	—	2次/1d	2次/1d
	底板浇筑后时间/h	≤7	1次/1d	1次/1d	2次/1d	2次/1d
		7~14	1次/3d	1次/3d	1次/2d	1次/1d
		14~28	1次/5d	1次/3d	1次/2d	1次/1d
		>28	1次/7d	1次/5d	1次/3d	1次/3d
二级	开挖深度范围/m	≤5	1次/2d	1次/2d	—	—
		5~10	—	1次/1d	—	—
	底板浇筑后时间/h	≤7	1次/2d	1次/2d	—	—
		7~14	1次/3d	1次/3d	—	—
		14~28	1次/7d	1次/5d	—	—
		>28	1次/10d	1次/10d	—	—

由于航海站工程基坑等级为一级,基坑开挖深度超过15m,因此本基坑的监测频率需要设置得比较大。在实际的工程监测中要严格按照要求进行,一旦在施工过程中发生变形过大、变形速率过大或者一些其他险情,就必须暂停施工,转而采取应急措施并对重点部位进行加密监测。

8.3.2.2 测点布置

基坑工程的监控量测一般包括地面沉降、桩顶位移与沉降、地下水位变化、桩与土体测斜以及支撑轴力5项内容。上述监测内容均需要预埋设备并结合现场相关仪器协同进行。

(1)地面沉降(图8-2)。根据地表沉降设计要求,地表沉降点布设应沿垂直于基坑主体方向,横向间隔20m,纵向间隔1m、3m、3m、7m、7m,或在基坑两侧及端头位置布设地表沉降点。

(2)桩顶位移与沉降(图8-3)。一般将测点按照监测设计图纸布置在基坑四周支护结构桩(墙)顶上,测点应以设置方便、不易损坏且能真实反映基坑支护结构桩(墙)顶部的变形为原则,尽量布置在基坑支护桩的各个角点上。监测点间距最大不宜大于20m,每边点数不宜少于3个。水平和竖向位移监测点宜为共用点。

(3)地下水位变化(图8-4)。地下水位的测点埋设需要事先用钻机进行钻孔,孔的深度

图8-2 现场地面沉降监测

图8-3 桩顶位移与沉降监测

要确保能准确监测施工期发生的水位变化。要确保安装的测孔能测出施工期间水位的变化。水位孔的深度在最低设计水位以下(坑外孔和基坑底一样深,坑内孔比基坑底以下要深1~2m),成孔后放入管外壁裹有滤网的水位测管,管壁与孔壁之间用净砂回填,回填高度至离地表以下0.5m处,再用黏土进行封堵以防地表水流入。监测点位于基坑支护结构外时,与支护结构纵向间距为3~5m,每隔25m左右布设1个监测点,基坑短边边长小于25m时必须保证有1个监测点。

(4)桩与土体测斜(图8-5)。测斜主要分桩体测斜和土体测斜,桩体测斜孔在基坑监测中尤其重要。通过对桩体测斜孔的监测,能够了解基坑开挖过程中各个施工阶段支护桩的变化趋势。若桩体测斜监测点速率或累计值超出设计值,说明基坑开挖过程中对基坑整体的支护结构影响较大,需及时提醒施工单位调整施工工艺,加固支护体系,防止出现安全事

图 8-4 地下水位监测

故。而土体测斜是桩体测斜的第 2 道保险,能体现出基坑开挖对支护结构外土体的扰动,控制支护桩的侧向土压力,为桩体测斜数据提供分析依据。

图 8-5 桩体测斜/土体测斜

(5)支撑轴力(图 8-6、图 8-7)。由于航海站基坑的内支撑以对撑为主,内支撑材料被划分为混凝土支撑和钢支撑 2 种,因此支撑轴力的量测主要采用 2 种方法:钢筋计法和反力计法。混凝土支撑的轴力监测采用钢弦式钢筋计和频率仪。采用反力计测试钢支撑混凝土时,反力计应设在支撑端部的固定端,在地墙与轴力计之间必须设置尺寸不小于 400mm×400mm×20mm 的加强钢板。

由于航海站基坑周围环境相对宽松,在建和研究区域内无重要建筑物,因此在基坑工程

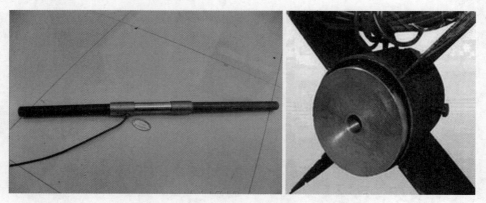

图8-6 支撑轴力监测元件(钢筋应力计/反力计)

图8-7 轴力监测点设置(标识牌)

施工过程中主要关注的是基坑的侧壁位移量、内支撑杆件的轴力变化情况以及与之相关的基坑稳定性方面的影响因素。

在实际的施工过程中,为了避免普遍开挖的方式导致长条式地铁基坑暴露时间问题以及由此引发的一系列时间与空间效应问题,在基坑开挖过程中采用分区分段开挖的方式进行,此时由于分断面内开挖的区域较小,采用的支撑在空间上能体现出比原来的狭长型基坑更大的刚度。上海同济大学俞调梅教授认为,坑内的留置土体可以看作支护结构并以此提供被动抗力,抵消主动土压力产生的倾覆力矩。

航海站基坑工程的体量巨大,采用分段分期施工的过程十分漫长,由此产生了巨量的监测数据。为厘清头绪,明确各项监测指标与对应的工况和时间之间的关系,笔者所在团队对多个监测点和剖面分别进行列表清理,并将各个剖面的各个监测指标严格地与施工的工况和时间一一对应。在施工过程中现场出现的调度问题可能导致监测设备损坏,笔者尽量保证有效的监测数据得到有效的使用。各施工工况分布见表8-8。

表 8-8 工况分布

工况步	5 号线深基坑	9 号线深基坑	开挖深度范围/m
1	开挖第 1 层土架设第 1 道支撑	开挖第 1 层土架设第 1 道支撑	0~0.7(首道支撑在地表以下)
2	开挖第 2 层土架设第 2 道支撑	开挖第 2 层土架设第 2 道支撑	0.7~7.2
3	开挖第 3 层土架设第 3 道支撑	开挖第 3 层土架设第 3 道支撑	7.2~13.2
4	开挖第 4 层土架设第 4 道支撑	开挖第 4 层土架设第 4 道支撑	10.7~17.7
5	开挖第 5 层土架设第 5 道支撑	开挖第 5 层土	13.7~19.7
6	开挖第 6 层土	—	17.0~26.6

笔者主要对桩体测斜/土体深层位移测斜和混凝土/钢支撑的轴力监测结果进行分析。为了有效区分各监测点的位置和作用,笔者在图 8-8 中标注了经过梳理后文中所使用的各有效监测点在现场中分布的位置。

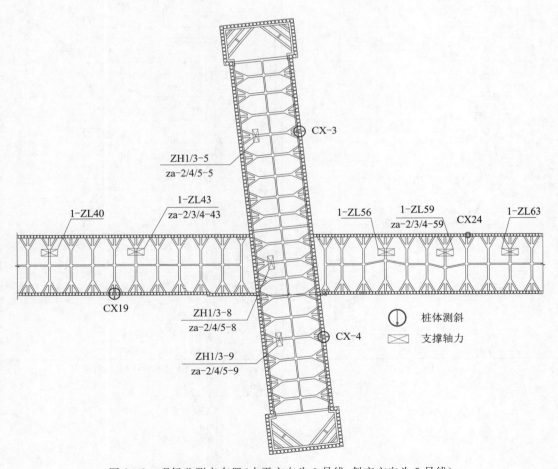

图 8-8 现场监测点布置(水平方向为 9 号线,斜交方向为 5 号线)

8.3.3 监测数据分析

8.3.3.1 基坑侧壁变形监测数据分析

作为基坑工程监测中最重要的指标,基坑侧壁变形可以说直接关系到坑内的作业面和作业环境,而桩体测斜/土体深层位移测斜正是这一指标最直接的表征。一般来说,基坑侧壁变形用桩体测斜来进行监测就可以了,但是土体深层位移测斜作为一个重要的辅助手段和第2道保险,可以用来和桩体测斜相互对照和比较,更深层次的,在软弱土质地层和特殊土质地层中,土体深层位移测斜对研究基坑开挖的时间与空间效应具有十分重要的作用。

笔者分析选取具有代表性和监测数据相对完整的4个点(5号线区域2个、9号线区域2个)进行分析。

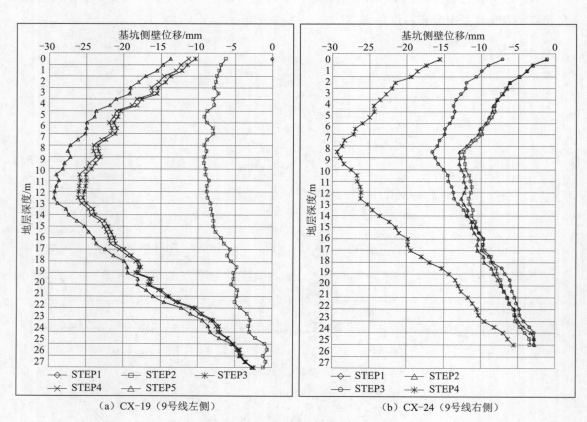

(a) CX-19(9号线左侧)　　　　　　(b) CX-24(9号线右侧)

图 8-9　各测点不同工况下测斜曲线

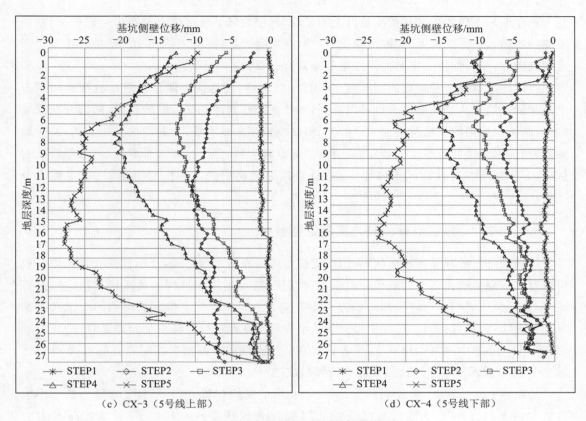

(c) CX-3（5号线上部）　　　　　　　(d) CX-4（5号线下部）

图8-9　各测点不同工况下测斜曲线（续）

图8-9中的测斜数据显示，在施工过程中9号线区段的基坑侧壁位移测点中最大值分别为29.01mm和29.37mm，5号线区段的基坑侧壁位移监测点中最大值分别为25.72mm和21.47mm，均小于设计所规定的$0.1\%H_e$或30.00mm。

在第1个工况开挖至首道支撑的施工标高时，几乎可以忽略基坑的侧壁位移，桩体和土体的侧移变形也比较小。随着开挖深度的加大，基坑侧壁变形开始快速增大，但曲线显示，支护桩的最大变形随着开挖深度的增加逐渐向下加大，在前5个工况中，9号线的支护桩桩长短一些，嵌固深度稍浅，其最大变形也比5号线的支护桩大5～8mm。

在基坑开挖过程中，由于桩顶设置了冠梁来连接整排的支护桩，很好地提高了支护结构的刚度，使支护桩和内支撑协作受力，支护桩均一致向坑内位移。在基坑内设置的多道钢筋混凝土/钢支撑对支护桩和桩后土向坑内的位移起到了很好的限制作用，随着坑内深度加深，最大位移的位置持续下移，9号线区段开挖至坑底后，最大位移距地面约12.5m和8.5m。5号线区段的测点中，2个剖面变形相似度很高，在最近的工况中，其最大位移值均出现在距地面20.5m处。

由桩和内支撑组成的支护结构作用十分明显，设置支撑对桩体变形起到了很好的约束作用，不仅影响了桩体的水平变形，还影响了水平变形沿桩身的分布。

　　桩体变形不仅发生在开挖面及以上的部位，开挖面以下的部位也会产生一定的位移，如果支护桩插入土体的深度（即嵌固深度）不够，在坑底产生的变形会比较大，严重时甚至会产生踢脚破坏，所以保持一定的嵌固深度是非常有必要的。

　　将地质勘察报告和现场的实际施工过程结合来看，场地内实际存在着比较深厚的抛石土层和淤泥层。从监测曲线上也可以看到，当处在抛石和淤泥交互的地层时，随着开挖深度加大，基坑向坑内的变形急剧加大，"弓"字形曲线也越来越明显，此时加快坑内施工，减少暴露时间，确保快速回筑是十分必要的。再者，根据时空效应理论，切实采取分层、分段开挖的措施，充分利用坑内被动区土体作为支护结构，提高支护刚度，对于保证基坑稳定性十分有效。

8.3.3.2　深基坑支撑的轴力监测数据分析

　　地铁基坑一般都呈狭长槽状，采用的支护形式主要是对撑形式，支承杆件在计算中一般可以看成主要受轴向压力的单元。对于这种情况，需要运用多杆件的轴压比和稳定性进行验算，这两个指标均与杆件受到的轴力大小有关。为了确保施工中支护结构的安全性和基坑的稳定性，对基坑在施工过程中所受到的轴力值与变化进行监测是十分必要的。

　　与上一小节中测斜点相对应，笔者选取具有代表性和监测数据相对完整的点（5号线区域2个、9号线区域2个），按照支撑类型和层数进行分层分析。

　　从图8-10～图8-15中可以看出，由于基坑的支撑布置方案不同，支撑轴力的大小也有较大的不同。由于9号线基坑开挖的深度较5号线要浅一些（9号线基底深度为−16.96m，5号线施工至第5工况时深度为22.70m），5号线支撑杆件受到的轴向压力要比9号线杆件的普遍大一些。

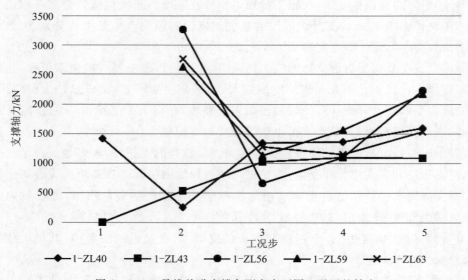

图8-10　9号线首道支撑各测点在不同工况下的轴力

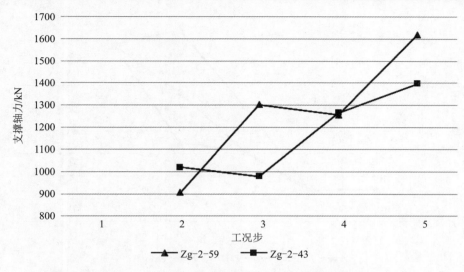

图8-11　9号线第2道支撑各测点在不同工况下的轴力

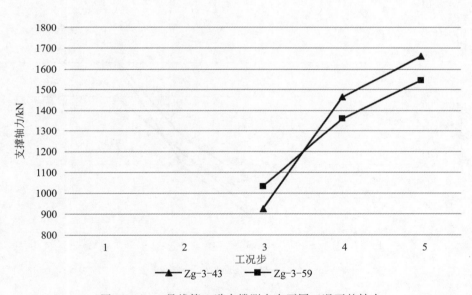

图8-12　9号线第3道支撑测点在不同工况下的轴力

在9号线的数据中,轴力最大的是使用混凝土支撑的第1道支撑,其轴力最大值为3274kN,其轴力随着工况步的改变呈现出先减小后增大的态势,最后工况的最大轴力为2238kN,其最大轴力与最后轴力最大值的比值约为1.46。在整个表中最大轴力和最小轴力比值偏大。在整个监测过程中钢支撑的轴力都很小,9号线基坑的最大轴力监测值不超过1650kN,相比于设计值而言要偏小一些,这可能与基坑钢支撑安装过程中钢围檩与排桩之间混凝土填充不密实有关。笔者在现场监测期间也观察和了解到部分型钢围檩与排桩间填充混杂了木屑和砂石,部分钢支撑的预应力施加和锁定不可靠,这些都会导致排桩产生向坑

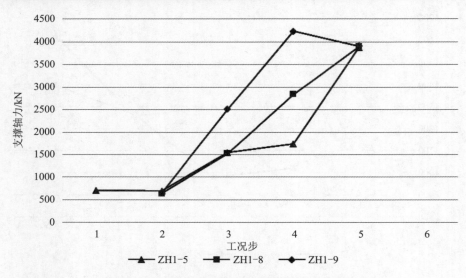

图 8-13　5号线首道支撑各测点在不同工况下的轴力

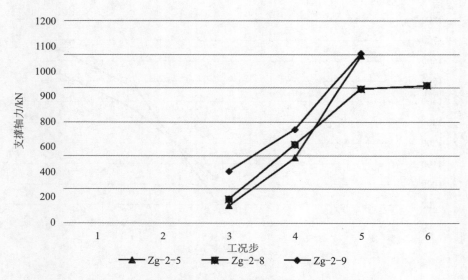

图 8-14　5号线第2道支撑各测点在不同工况下的轴力

内的位移，进而使得支撑轴力减小。

在5号线的监测数据中，支撑轴力随着开挖深度加大，轴力增长幅度较大。与9号线基坑类似，混凝土支撑的轴力最大，其中第1道和第3道混凝土支撑在已有工况中最大轴力分别是4237kN和3911kN。这2道支撑的第5工况步最大轴力值比较接近。相较之下钢支撑的轴力也随工况步而逐渐增加，但最大值在1000kN上下。与9号线类似，这也可能与钢支撑施工质量有关。在5号线区段及与9号线交叉的区域，采用留置土坡开挖方案，非交叉区的主动区域土体类似于半无限空间地基，但是交叉区域则是有限土体地基。从以上数据中

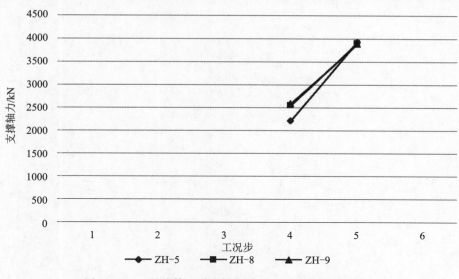

图 8-15 5 号线第 3 道支撑各测点在不同工况下的轴力

可以看出,由于留置坡体的体量较大且坡面采用喷锚支护等措施,土坡比较稳定,此区段的支撑受力与其他区段差别不大。对于其轴力变化,有待在后续土坡开挖过程中进行观察研究。

此外值得注意的是,狭长基坑的支撑跨度小使得支撑刚度相对于民用建筑基坑较长的杆件刚度大很多,混凝土支撑的刚度比钢支撑刚度要大,9 号线的第 1 道支撑、5 号线的第 1 道支撑与第 3 道支撑的轴力比各自的钢支撑轴力要大出一个数量级,这也印证了上述特征。

8.4 基坑监测案例分析(二)——前海站

8.4.1 监测方案

为监测基坑施工过程中支护结构受力及位移变形、对周边环境影响等变化情况,结合工程实际及一级基坑变形控制要求,本工程设置以下监测内容:①周边地表沉降监测;②围护结构顶竖向位移监测;③围护结构顶水平位移监测;④支撑轴力监测;⑤地下水位监测;⑥立柱沉降监测;⑦边坡沉降监测;⑧边坡水平位移监测;⑨墙体深层水平位移监测。笔者主要选取地表沉降、围护结构顶部水平位移、深层水平位移以及内支撑轴力监测数据来研究基坑开挖过程中的时空效应,监测点布置如图 8-16 所示。主要监测仪器有全站仪、电子水准仪、测斜仪、振弦读数仪等,仪器具体参数如表 8-9 所示。

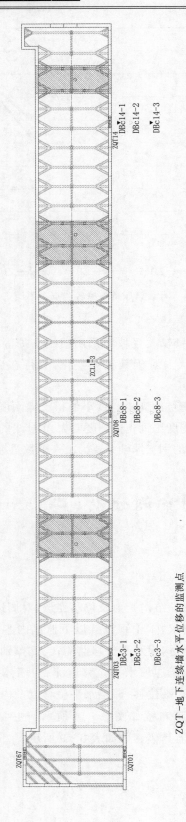

图 8-16 前海站监测点布置示意图

表8-9 监测仪器信息

监测项目	仪器名称	仪器型号	精度或性能指标	报警值
墙身位移	全站仪	TS16	1″级	28mm
	测斜仪	CX-3E	0.01mm/500mm	
地表沉降	电子水准仪	LS15	0.3mm/km级	36mm
支撑轴力	振弦读数仪	VW-102A	450～5000Hz,0.1Hz,0.1℃	70%设计值

8.4.2 狭长深基坑开挖中的空间效应分析

深基坑开挖过程是一个三维空间问题,对其不同区段的受力状态不能一概而论。深基坑开挖过程中,其端部存在边角效应,会约束端部一定范围内的结构位移,因而围护结构中部与其端部的受力变形存在一定的差异,这便是深基坑开挖过程中的空间效应问题。

8.4.2.1 围护结构水平位移

选取基坑端部测斜点 ZQT01、ZQT67 及标准段测斜点 ZQT03、ZQT08、ZQT14 位置每次开挖结束时的数据进行分析,各测点处地下连续墙水平位移如图 8-17～图 8-21 所示,其中位移正值代表墙体向基坑内侧位移。

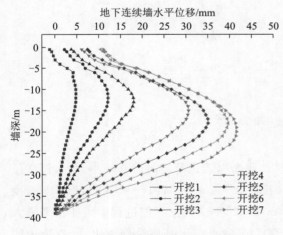

图 8-17 ZQT01 测点围护结构水平位移

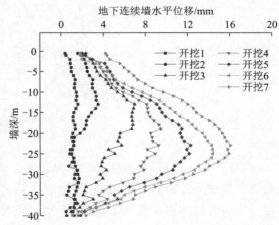

图 8-18 ZQT67 测点围护结构水平位移

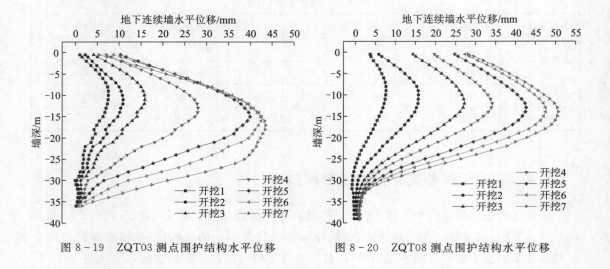

图 8-19 ZQT03 测点围护结构水平位移　　图 8-20 ZQT08 测点围护结构水平位移

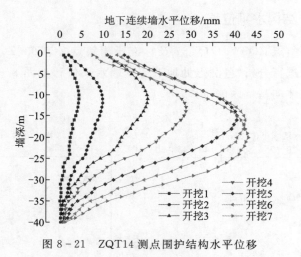

图 8-21 ZQT14 测点围护结构水平位移

ZQT01 与 ZQT67 测点位置结构变形均呈"凸胀型",墙顶及墙脚位移较小,最大位移位置随开挖进度逐渐向下移动,最终稳定在距离墙顶 20～25m 区间内。其中 ZQT01 测点土层开挖引起的结构位移较大,最大值为 41.56mm;而 ZQT67 测点开挖过程中墙体水平最大位移仅为 16.04mm。出现这种差异的原因是 ZQT67 测点位于基坑端部短边,开挖造成的土体卸荷量较小,且两边角对短边结构变形具有约束作用,即边角效应,导致 ZQT67 测点的水平位移远小于同一开挖分区的 ZQT01 测点。

基坑标准段测点 ZQT03、ZQT08 和 ZQT14 位置结构水平变形趋势与 ZQT01、ZQT67 测点一致,同样向坑内鼓出。其中,位于标准段两端的 ZQT03 和 ZQT14 测点围护结构位移在各工况中均较为接近,开挖结束后两测点最大位移分别为 42.86mm、42.65mm;而位于标准段中部的 ZQT08 测点在各个开挖阶段结构位移均大于其他测点,开挖过程中最大位移为

50.7mm。其原因是基坑边角的约束作用随距离增加逐渐递减,影响范围约为 2 倍坑深,ZQT03 和 ZQT14 位置均在一定程度上受到了影响,而 ZQT08 测点已经脱离了边角约束的作用范围,因此 ZQT08 位置结构位移在各开挖阶段均大于其他测点。

8.4.2.2 地表沉降

选取基坑标准段测点 DBC3、DBC8、DBC14 每次开挖结束时的数据进行分析,各测点处地表沉降如图 8-22~图 8-24 所示。

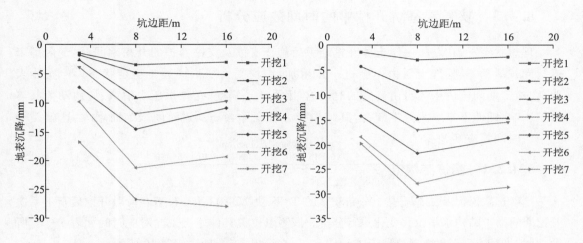

图 8-22 DBC3 测点土体沉降　　图 8-23 DBC8 测点土体沉降

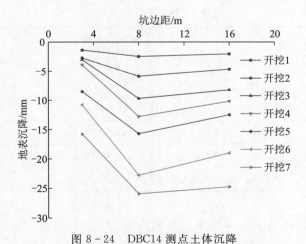

图 8-24 DBC14 测点土体沉降

现场监测数据显示基坑开挖引起的周边土体沉降呈"√"形,中部大、两端小,这与围护结构的水平位移趋势一致。对比来看,位于基坑长边中部的 DBC8 测点在各阶段的沉降均大于位于基坑长边两端的 DBC3 和 DBC14 测点。DBC8 测点施工中最大沉降为 30.5mm,

DBC3 和 DBC14 测点的最大沉降分别为 26.7mm、25.96mm，这是因为坑外地表沉降是由土体向基坑内部移动引起的，两者正相关，因此基坑边角对围护结构的变形限制也会相应减小基坑外的地表沉降，由此产生的差异沉降会对周边地下管线及建筑物造成影响。

空间效应在基坑开挖中普遍存在，其影响有利有弊。目前基坑结构在设计时多将空间效应简化为二维问题，设计偏保守，若利用好端部的约束作用，则可以在保证结构稳定的前提下节约建造资源。而空间效应带来的坑边土体差异沉降问题，也应受到重视，防止该问题对周边道路、地下管线等造成破坏。

8.4.3　狭长深基坑开挖中的时间效应分析

理想状态下，在基坑一层土体开挖结束后施作支撑及支撑养护的开挖期间，由于内部未进行卸载活动，其外部土压力不会进一步增加，结构受力变形应处于稳定状态。但实践表明，在施工期间坑内土体自由暴露的时间内，因受软土蠕变、孔隙水压力消散、坑边动荷载等因素影响，即使不进一步开挖卸荷，其结构受力及变形会随暴露时间增加而增大，这就是开挖中的时间效应问题。

8.4.3.1　围护结构位移

笔者选取淤泥及淤泥质黏土分布较多的 T3 区块 ZQT08 测点位置各阶段开挖后至下一次开挖期间围护结构水平位移变化进行分析。该测点位置具体施工工况对应时间如表 8-10 所示，开挖期间 ZQTC8 测点处地下连续墙水平位移如图 8-25、图 8-26 所示。

表 8-10　施工进度表

时间	工况	时间	工况
2021 年 8 月 7 日	第 1 层土方开挖完成	2021 年 11 月 5 日	第 4 层土方开挖完成
2021 年 9 月 4 日	准备第 2 层土方开挖	2021 年 11 月 16 日	准备第 5 层土方开挖
2021 年 9 月 9 日	第 2 层土方开挖完成	2021 年 11 月 20 日	第 5 层土方开挖完成
2021 年 9 月 29 日	准备第 3 层土方开挖	2021 年 12 月 5 日	准备第 6 层土方开挖
2021 年 10 月 4 日	第 3 层土方开挖完成	2021 年 12 月 9 日	第 6 层土方开挖完成
2021 年 11 月 1 日	准备第 4 层土方开挖	2022 年 1 月 12 日	准备第 7 层土方开挖

各层土方开挖后，在没有进一步施工的前提下，ZQT08 测点位置围护结构参数均有所增长。其中，前 4 层施工期间结构位移增长较为明显，增量最大处分别增加了 2.36mm、4.71mm、3.34mm、3.44mm，后 2 层开挖期间结构位移增长较少。出现这种结果的主要原因是车站范围内上部土体偏软，特别是淤泥质黏土与淤泥地层的含水率较高，土性偏流塑、软塑，开挖过程中坑内自由暴露的被动区土体不能提供足够的抗力来平衡外部土压力，因此在未进行施工的情况下墙体仍会向坑内发生变形。因为第 2 层土体开挖时正处于淤泥质黏

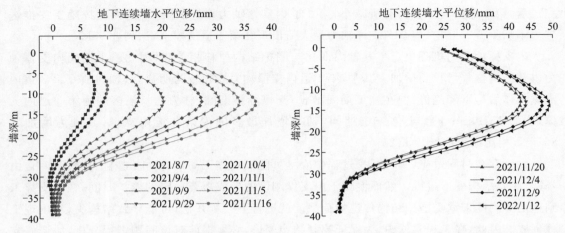

图 8-25 ZQT08 测点前 4 次开挖后墙体位移变化　　图 8-26 ZQT08 测点后 2 次开挖后墙体位移变化

土状态,所以其结构位移增长也最为明显。坑内土体孔隙水压力消散也会对此产生影响。开挖至第 5、第 6 层土体时,坑内土体自稳性较好,含水率较低,所以施工期间结构位移增量较小。

8.4.3.2　支撑内力

笔者选取 T3 中部支撑轴力测点 ZCL3 位置各支撑轴力进行分析,基坑施工期间,ZCL 测点处各内支撑轴力变化如图 8-27 所示。

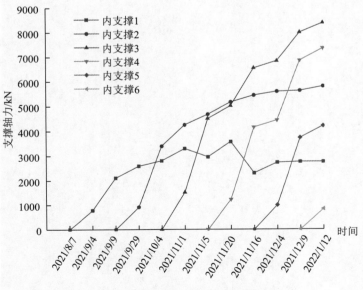

图 8-27　ZCL3 测点轴力变化

上部第 1、第 2 道内支撑轴力先随开挖深度增加逐渐增大;中部第 3、第 4 道内支撑施作完成后,第 1 道内支撑轴力有所减小,第 2 道内支撑轴力增速放缓;下部内支撑随工序推进轴力不断上升。开挖过程中,支撑轴力最大值出现在第 3 道支撑上,达到 8395kN。

　　内支撑的受力机理决定了其轴力变化与围护结构位移相关联,因此施工期间内支撑轴力也随结构位移增长而增加。其中,第 1 道内支撑轴力变化较为明显,其轴力值在第 3 道内支撑施作后呈下降趋势,但在施工期间增长;支撑养护期间,轴力增长最多的为第 3 道内支撑,增加 1519kN;下部土体施工期间,轴力增加最多的为第 2 道内支撑,其轴力增加了 857kN,相比原数据增长了 25%。

　　由于存在时间效应,基坑开挖过程中应尽可能缩短施工周期,防止坑内土体长时间自由暴露,导致结构变形过大。然而混凝土内支撑刚度的形成需要一定的养护时间,在内支撑未到达足够刚度来承受围护结构传递的荷载前就进行下一步开挖,可能导致结构失稳,出现工程事故。因此,在工程实践中,为保证控制结构变形,必须提前对该问题进行分析,协调好支撑养护时间及土体暴露时间。

参考文献

白蓉,王曦,谭启润,等,2015.填海区复杂地质条件下的基坑支护技术[J].建筑技术,46(9):840-842.

曹雪山,陆新宇,顾祎鸣,2022.深基坑内钢支撑轴向压力变化规律研究[J].岩土工程学报,44(11):1988-1997.

查甫生,林志月,崔可锐,2013.深开挖卸载条件下基坑应力和变形特性的数值分析[J].岩土工程学报,35(S1):484-488.

陈保国,闫腾飞,王程鹏,等,2020.深基坑地连墙支护体系协调变形规律试验研究[J].岩土力学,41(10):3289-3299.

陈丹,2009.深圳填海区地铁基坑围护结构设计[J].铁道标准设计(10):57-60.

陈焘,周顺华,宫全美,2012.多重组合式基坑群工程施工风险研究[J].城市轨道交通研究,15(3):89-93.

陈金铭,狄宏规,周顺华,等,2020.城市轨道交通车站基坑伺服钢支撑轴力补偿与开挖变形控制效果[J].城市轨道交通研究,23(10):13-16.

陈进河,陈国良,陈健,等,2020.基于光纤传感技术的混凝土支撑轴力监测及数据分析[J].现代城市轨道交通(5):61-67.

邓凌青,2023.杭州典型软土硬化本构模型参数特性[J].中国农村水利水电(5):151-156.

丁智,张霄,梁发云,等,2021.软土基坑开挖对临近既有隧道影响研究及展望[J].中国公路学报,34(3):50-70.

董志良,刘嘉,朱幸科,等,2013.大面积围海造陆围堰工程关键技术研究及应用[J].水运工程(5):168-175.

樊金,王鹰,王贤能,2015.深圳填海区基坑支护技术特点及现状[J].地下空间与工程学报,11(S2):661-655,725.

范凡,2017.上海地区分隔型基坑群变形性状研究[D].上海:上海交通大学.

高广运,高盟,杨成斌,等,2010.基坑施工对运营地铁隧道的变形影响及控制研究[J].岩土工程学报,32(3):453-459.

郭海柱,张庆贺,朱继文,等,2009.土体耦合蠕变模型在基坑数值模拟开挖中的应用[J].岩土力学,30(3):688-692,698.

郭力群,程玉果,陈亚军,等,2014.内支撑基坑群开挖相互影响的三维数值分析[J].华侨大学学报(自然科学版),35(6):711-716.

槐燕红,2019.混凝土内支撑技术在深大基坑中的应用与研究[J].工程建设与设计(21):49-52.

黄彪,李明广,侯永茂,等,2018.轴力自补偿支撑对支护结构受力变形影响研究[J].岩土力学,39(S2):359-365.

贾坚,谢小林,罗发扬,等,2009.控制深基坑变形的支撑轴力伺服系统[J].上海交通大学学报,43(10):1589-1594.

李春,谭维佳,2022.不同围压条件下淤泥质黏土蠕变力学特性试验及模拟[J].水运工程(2):179-185,208.

李大鹏,阎长虹,张帅,2018.深基坑开挖对周围环境影响研究进展[J].武汉大学学报(工学版),51(8):659-668.

李明广,徐安军,董锋,等,2012.逆作土方运输效率对运营高铁和基坑变形的影响[J].岩土工程学报,34(S1):134-138.

李硕,王常明,吴谦,等,2017.上海淤泥质黏土固结蠕变过程中结合水与微结构的变化[J].岩土力学,38(10):2809-2816.

林楠,刘发前,2019.填海区临近基坑开挖施工相互影响研究[J].地下空间与工程学报,15(S1):278-285.

林巍,赵巧兰,王靖华,2011.填海区地铁施工基坑外挡淤围堤设计与施工技术[J].铁道标准设计(10):103-107.

刘波,2018.上海陆家嘴地区超深大基坑临近地层变形的实测分析[J].岩土工程学报,40(10):1950-1958.

刘畅,季凡凡,郑刚,等,2020.降雨对软土基坑支护结构影响实测及机理研究[J].岩土工程学报,42(3):447-456.

刘畅,张亚龙,郑刚,等,2016.季节性温度变化对某深大基坑工程的影响分析[J].岩土工程学报,38(4):627-635.

刘国彬,刘登攀,刘丽雯,等,2007.基坑坑底施工阶段围护墙变形监测分析[J].岩石力学与工程学报(S2):4386-4394.

刘景锦,雷华阳,郑刚,等,2017.基坑开挖对坑内土体刚度特性影响室内试验研究与本构模型应用分析[J].施工技术,46(S2):77-81.

刘涛,杨国伟,刘国彬,2006.上海软土深基坑有支撑暴露变形研究[J].岩土工程学报(S1):1842-1844.

马驰,刘国楠,2012.深圳机场填海区欠固结软基超大深基坑的设计[J].岩土工程学报,34(S1):536-541.

彭勇志,黄洋,2016.深基坑钢支撑轴力伺服系统施工技术[J].低碳世界(3):152-153.

任亮,李凯,喻小康,等,2016.填海区深基坑淤泥层狭小空间坑中坑复合支护结构施工技术[J].施工技术,45(21):91-93.

孙静,2010.我国基坑工程发展现状综述[J].黑龙江水专学报,37(1):50-53.

孙九春,白廷辉,2019.软土地铁深基坑力学状态的施工控制系统研究[J].隧道建设(中英文),39(S2):44-52.

王志杰,李振,蔡李斌,等,2020.基坑钢支撑伺服系统应用技术研究[J].隧道建设(中英文),40(S2):10-22.

魏纲,张鑫海,林心蓓,等,2020.基坑开挖引起的旁侧盾构隧道横向受力变化研究[J].岩土力学,41(2):635-644,654.

文璐,狄宏规,陈金铭,等,2020.软土基坑伺服钢支撑轴力变化对相邻支撑轴力与围护结构变形的影响[J].城市轨道交通研究,23(11):88-92.

肖振烨,李素贞,崔晓强,2018.基于应变监测的基坑钢筋混凝土支撑轴力修正方法[J].重庆大学学报,41(11):8-18.

徐晓兵,胡琦,曾理彬,等,2020.隔离桩对干砂地基中基坑侧方隧道影响的模型试验研究[J].岩石力学与工程学报,39(S1):3015-3022.

徐昭辰,王强,章定文,等,2021.基坑混凝土支撑轴力监测值修正方法[J].建筑科学与工程学报,38(6):48-54.

徐中华,宗露丹,沈健,等,2019.临近地铁隧道的软土深基坑变形实测分析[J].岩土工程学报,41(S1):41-44.

杨振伟,金爱兵,周喻,等,2015.伯格斯模型参数调试与岩石蠕变特性颗粒流分析[J].岩土力学,36(1):240-248.

殷一弘,2019.深厚软土地层紧邻地铁深大基坑分区设计与实践[J].岩土工程学报,41(S1):129-132.

应宏伟,王小刚,郭跃,等,2019.逆作法基坑支护结构三维M法及工程应用[J].岩土工程学报,41(S1):37-40.

于建,2001.双液浆帷幕在填海区基坑止水中的应用[J].铁道建筑,(12):29-31.

章红兵,2016.软土中基坑群施工的环境影响及变形控制研究[D].上海:上海交通大学.

章润红,刘汉龙,仉文岗,2018.深基坑支护开挖对临近地铁隧道结构的影响分析研究[J].防灾减灾工程学报,38(5):857-866.

郑刚,焦莹,李竹,2011.软土地区深基坑工程存在的变形与稳定问题及其控制:软土地区深基坑坑底隆起变形问题[J].施工技术,40(10):10-15.

郑刚,雷亚伟,程雪松,等,2019.局部破坏对钢支撑排桩基坑支护体系影响的试验研究[J].岩土工程学报,41(8):1390-1399.

朱亦弘,徐日庆,龚晓南,2017.城市明挖地下工程开发环境效应研究现状及趋势[J].中国工程科学,19(6):111-115.

ADDENBROOKE T,POTTS D,DABEE B,2000. Displacement flexibility number for multipropped retaining wall design[J]. Journal of Geotechnical and Geoenvironmental Engineering,126(8):718-726.

CHENG X S, ZHENG G, DIAO Y, et al., 2017. Experimental study of the progressive collapse mechanism of excavations retained by cantilever piles[J]. Canadian Geotechnical Journal, 54(4):574-587.

HE L, LIU Y, BI S, et al, 2020. Estimation of failure probability in braced excavation using Bayesian networks with integrated model updating[J]. Underground Space, 5(4):315-323.

HSIEH P G, OU C Y, 1998. Shape of ground surface settlement profiles caused by excavation[J]. Canadian Geotechnical Journal, 35(6):1004-1017.

LEE F H, YONG K Y, QUAN K C, et al, 1998. Effect of corners in strutted excavations: Field monitoring and case histories[J]. Journal of Geotechnical and Geoenvironmental Engineering, 124(4):339-349.

MANA A I, CLOUGH G W, 1981. Prediction of movements for braced cuts in clay[J]. Journal of the Geotechnical Engineering Division, 107(6):759-777.

TAN Y, WEI B, LU Y, et al, 2019. Is basal reinforcement essential for long and narrow subway excavation bottoming out in Shanghai soft clay? [J]. Journal of Geotechnical and Geoenvironmental Engineering, 145(5):05019002.

XU C J, CHEN Q Z, WANG Y I, et al, 2016. Dynamic deformation control of retaining structures of a deep excavation[J]. Journal of Performance of Constructed Facilities, 30(4):04015071.

YOO C, LEE D, 2008. Deep excavation-induced ground surface movement characteristics - A numerical investigation[J]. Computers and Geotechnics, 35(2):231-252.